你没想过的小动物系列

U0236358

怎么饲养它们？

(日) 松桥利光　著

庄妍　译

化学工业出版社

·北京·

北京市版权局著作权合同登记号：01-2024-3935

图书在版编目（CIP）数据

怎么饲养它们？ /（日）松桥利光著 ；庄妍译 .
北京：化学工业出版社，2024. 7. --（你没想过的小
动物系列）. -- ISBN 978-7-122-45843-8

Ⅰ. Q95-49

中国国家版本馆 CIP 数据核字第 2024CJ1369 号

责任编辑：郑叶琳　　　　　　　　　　　文字编辑：张焕强
责任校对：刘　一　　　　　　　　　　　装帧设计：刘丽华

出版发行：化学工业出版社
　　　　　（北京市东城区青年湖南街13号　邮政编码100011）
印　　装：盛大（天津）印刷有限公司
880mm×1230mm　1/16　印张7¾　字数70千字
2024年9月北京第1版第1次印刷

购书咨询：010-64518888　　　　　　售后服务：010-64518899
网　　址：http://www.cip.com.cn
凡购买本书，如有缺损质量问题，本社销售中心负责调换。

定　　价：59.80元　　　　　　　　　　版权所有　违者必究

前 言

　　我们与小动物总是不期而遇。一旦错过了眼前的机会，可能就再也遇不到了。如果从儿时起就一直念念不忘的那个小家伙突然出现在眼前，你会不会因为身边暂时没地方放而放弃呢？在宠物店遇到了那个心仪的"它"，你会不会因为工作太忙而没有把它带回家呢？朋友打算把家里新添的宠物宝宝送给你，你会不会因为父母不允许而拒绝呢？过年的时候收到了一只小动物，你会不会因为没有勇敢地说出"我想养它"而遗憾错过饲养的机会呢？

　　我们会在许多不同的场合跟小动物们相遇，但如果总是因为各种理由而放弃，那永远都等不来饲养它们的机会。

　　如果想成为一名成功的饲养员，应该怎么办呢？你需要的是恰如其分的勇气、当机立断的魄力、不言放弃的恒心，当然还需要坚定的执行力。

动物摄影师　**松桥利光**

本书的使用方法

你手中的这本书是一本饲养手册，囊括了你可能会在各种场合遇到的动物。但本书并不会具体介绍某种动物的喂养方法，所传授的方法也无法适用于所有动物。希望看过这本书的你更加珍惜和小动物们相遇的每一次机会，并积极地尝试把它们留在身边饲养。

① 对那些目前不打算饲养小动物的读者，我想说：

首先，请努力从头到尾将本书看完。如果看完之后仍然对饲养动物不感兴趣，也不必勉强自己。可以将本书放在手边常常翻阅，如果哪一天有了兴趣，我想书中介绍的内容一定会发挥作用。如果阅读本书让你对饲养动物产生了兴趣，请将这份好奇心存在心中。如果将来遇到了想要养的动物，请参考本书的方法来饲养。希望这本书能在你心中种下想要饲养小动物的心愿种子。

2 对那些小时候养过小动物的读者，我想说：

还是推荐各位将本书从头到尾全都看完。如果书里有你想饲养的动物，就积极行动起来养一只吧！相信你一定会重拾儿时饲养小动物的那份喜悦。书中介绍的动物自不必说，只要抓住机会，相信你还可以利用自己的经验与感受来饲养那些本书中没有介绍的动物。如果各位能够成为愿意跟孩子一起饲养各种小动物的家长，我将不胜欣慰。

3 对那些已经有丰富喂养小动物经验的人，我想说：

也请你从头到尾看完本书。想想书中的哪些观点是自己认同的，哪些是自己不认同的。希望你可以通过这个过程重新审视自己的饲养技术。

中文版说明

本书是一本介绍小动物饲养方法的科普图书。因是外版引进图书，书中所介绍的小动物在我国是否可以私人饲养，请读者依据相关法规规定。

各种工具

饲养的动物不同，需要的工具也不尽相同。

请前往宠物店，告诉店家你养的是什么动物，寻找合适的工具吧！

塑料箱

有各种大小和深度的塑料箱。是适合饲养各种动物的万能饲养箱。

衣物收纳箱

如果塑料箱的大小不够，可以用衣物收纳箱代替。但是需要适当加工一下，用烧烤网之类的做个盖子。

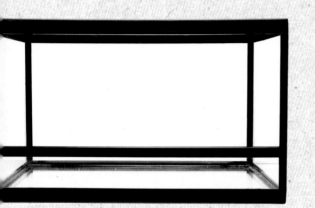

专用饲养箱

市场上出售的饲养箱有许多种类，例如爬虫类专用的、兔子专用的、仓鼠专用的、鹦鹉专用的等，为你的小动物挑选一个最适合的吧。

水槽套装

套装包括水槽和过滤器。

配套的还有除氯剂和鱼食，这样一套便可满足饲养需求。有些套装还包含了养热带鱼用的加热器，请按需选择适合的装备。

保温灯

跟恒温器连在一起来控制温度。有红色、黑色等颜色，材质为陶瓷。

恒温器

与供暖器连在一起调节温度的工具。

散热片式供暖器

铺设在饲养盒下面的供暖器。

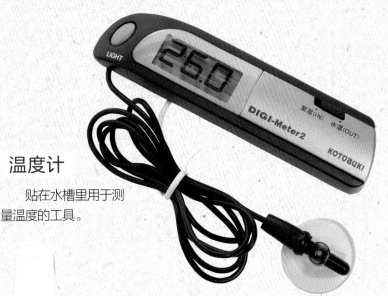

温度计

贴在水槽里用于测量温度的工具。

鱼缸散热风扇

水槽温度过高时对着水面吹风，可以稍微降低水温。

投入式过滤器

这种过滤器的使用方式非常简单，放入水槽即可。需要配合空气泵使用。

外挂式过滤器

外挂式设计不占用水槽空间，还具有过滤面积大的优点，十分方便。

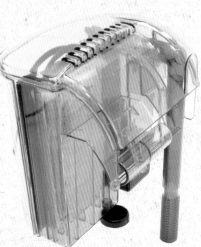

躲避屋

这是便于小动物们藏身的"秘密基地"。躲避屋种类繁多，请按个人喜好和小动物的需求挑选适合的产品。

铺地材料

铺在饲养箱底部的材料。可根据饲养的小动物进行选择。

便携式冰箱

浮游软体动物"冰海天使"之类的小动物需要在冰箱里饲养。有了便携式冰箱，家人就不会反对自己饲养这类动物了吧。

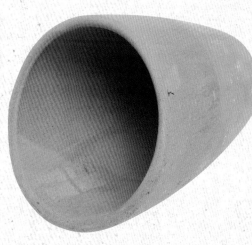

专用饲料

市面上有各种动物专用的饲料。

1 出现在课堂上的常见动物

2 咦？！这些动物怎么养

3 突然造访家中的动物

朋友送的小动物

　　孩子们在课堂上会认识各种动物，甚至还会试着把它们养在教室里。但是在街上偶遇小动物时，却很少有小学生愿意把它们带回家养起来。在课堂上好不容易学习了动物的相关知识，不亲自实践一下就无法将这些知识学以致用。通过亲自饲养动物，一定会收获全新的感悟和知识。饲养小动物能带给我们很多珍贵的体验，例如第一次喂小动物吃东西时的欣喜，饲养不顺利导致小动物死掉时的悲伤。从一个个小生命身上收获的经验可以让我们真正地感受到自然环境的重要和生命的可贵，有利于培养孩子们健康的心灵。

　　但是，饲养动物也确实需要克服种种困难。遇到问题时请参考本书给出的建议。

　　"有人想养上课时观察过的鳉鱼吗？可以领养回家哦。"

　　"下节课我们要观察凤蝶，有人愿意为大家抓几只吗？"

　　再遇到这样的机会时，希望大家可以踊跃举手，一定可以大显身手。

1

出现在课堂上
的常见动物

松桥利光简介

　　曾在水族馆工作，后来改行成为
一名动物摄影师。常年拍摄水生动物、
野生动物、水族馆和动物园里的动物
及异宠等，并以此为素材出版童书。

鳉鱼

入门级难度！适合新手

小时候我们曾经在课堂上饲养并观察过鳉鱼。班里几名对动物感兴趣的男生十分活跃。鳉鱼顺利产卵，我们分小组进行了观察，还完成了一份报告书。最后在全班同学面前分享了我们的报告书。

但那时我只是随大流跟着那几个男生，实际上对养鳉鱼并不是特别感兴趣。自己在活动中其实也没有什么特别的贡献，只是看别人的样子有样学样。

这时我突然想起来，幼儿园的时候，住在乡下的奶奶曾经带我去小河边捉鳉鱼。"这些鳉鱼宝宝大家可以带回家养哦，想领养的同学请举手。"班主任的声音响起时，我还沉浸在回忆中。

结果我没有仔细思考就举起了手。等反应过来慌慌张张缩回手时，已经来不及了。

我是那种性格保守内向的孩子，不喜欢出风头。周围的同学都被我的举动吓了一跳，然后又纷纷开始鼓励我。最后我居然真的把鳉鱼带回了家。我想妈妈也会大吃一惊吧。

那么，我们应该怎么照顾鳉鱼呢？

喜欢聚集在一起游来游去。

鳉鱼别名"大眼鱼"，因为眼睛很大才有了这个名字。

小·档案

体长 约4厘米
"绯目高"是为观赏而改良的宠物鳉鱼鼻祖。现在的鳉鱼有很多种颜色及品种。

关于除氯剂

自来水中含有杀菌用的氯，所以不能直接用自来水养鱼，需要将水中的氯中和掉。应急时可以直接在水中加入市面上售卖的除氯剂。平时换水在时间充裕的情况下可以打一桶水放置一天，也能起到除氯的效果。

跟空气泵连接在一起使用的投入式过滤器。

水草也有大作用

水草可以帮助稳定水质，还可以让鳉鱼隐藏在里面。

沙砾可不是装饰哦

沙砾不铺也可以，但是铺上后可以为鳉鱼提供更适宜的居住环境。

鱼食的选择

鳉鱼的嘴是朝上长的，很小。太大的鱼食容易剩下并在水中散开，所以投喂鳉鱼时要用专用的饲料。

眼睛大大的，很可爱。

饲养方法

换水只换一半

养鳉鱼需要准备的工具有塑料水槽、投入式过滤器和空气泵。

将除氯后的水注入水槽，并放入连接好空气泵的投入式过滤器，稍等一段时间待水温适宜鱼儿生活之后就可以直接饲养鳉鱼了。如果放入沙砾、沉木和水草，则更有利于营造适合鳉鱼生活的环境。先将装着鳉鱼的塑料袋浮在水面上，等水温足够暖和后，再从塑料袋里一点一点放水，让鱼儿游入水槽。

有过滤器就不必频繁换水。一个月换一次，一次换半缸水就可以。过滤器用过会变脏，所以一段时间后别忘了清洁过滤器，要注意错开换水的时间。

出现在课堂上的常见动物之

凤蝶

千万别错过化蝶的瞬间

我们班打算在上课的时候饲养并观察凤蝶幼虫。我平时就很喜欢小动物，所以大家都对我充满了期待，希望我能抓几只凤蝶幼虫。可是我从来都没见过凤蝶幼虫呢。倒是在附近的田地见过凤蝶成虫，那就先去找找看吧。

有个叔叔正在田地里劳作，我问道："请问您在附近见过凤蝶的幼虫吗？"

"哎呀，真不巧，我们家的山椒树上本来有好多，因为它们老啃树叶吃，昨天刚打了药，现在应该都没了。"

"不会吧！"

叔叔看着我大受打击的样子，接着说："凤蝶喜欢在橘子树和山椒树上产卵。让你妈妈给你买个橘子树苗，可能很快就会有凤蝶来产卵。"

这是真的吗？我回家赶紧查阅了图鉴，发现叔叔说的是真的。于是我立即跟妈妈说明了原委，成功说服妈妈给我买了橘子树苗。哈哈哈，好期待呢。

伸长口器吸吮花蜜。

翅膀上的鳞粉具有防水作用，让它们在小雨中也可以飞行。

小·档案

体长 成虫展开双翅的长度可超过10厘米。幼虫末期体长超过4厘米。柑橘凤蝶一年繁殖两代。

不可错过的重点 **1**

产卵的判断方式

　　首先，将橘子树苗或山椒树苗放在室外凤蝶可能会出现的地方，隔开一定距离进行观察。凤蝶飞过来并用尾部接触树苗就是在产卵。

不可错过的重点 **2**

小小的一颗卵

　　发现凤蝶产卵就立刻将树苗搬到室内的窗边。因为产卵太多的话，幼虫很快就会将叶子吃光，到时候就不得不再买一棵幼苗了。

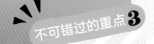

不可错过的重点 **3**

最开始的颜色就像鸟粪一样

　　从这时开始只要观察孵化后的幼虫吃树叶长大就可以了。

🔍 凑近看很可爱呢！

不可错过的重点 **4**

受到惊吓时会伸出带有难闻气味的触角

　　幼虫长大会变成绿色。这就是末期幼虫。末期幼虫常常会离开树木到其他地方化蛹，观察时要多加注意。

5

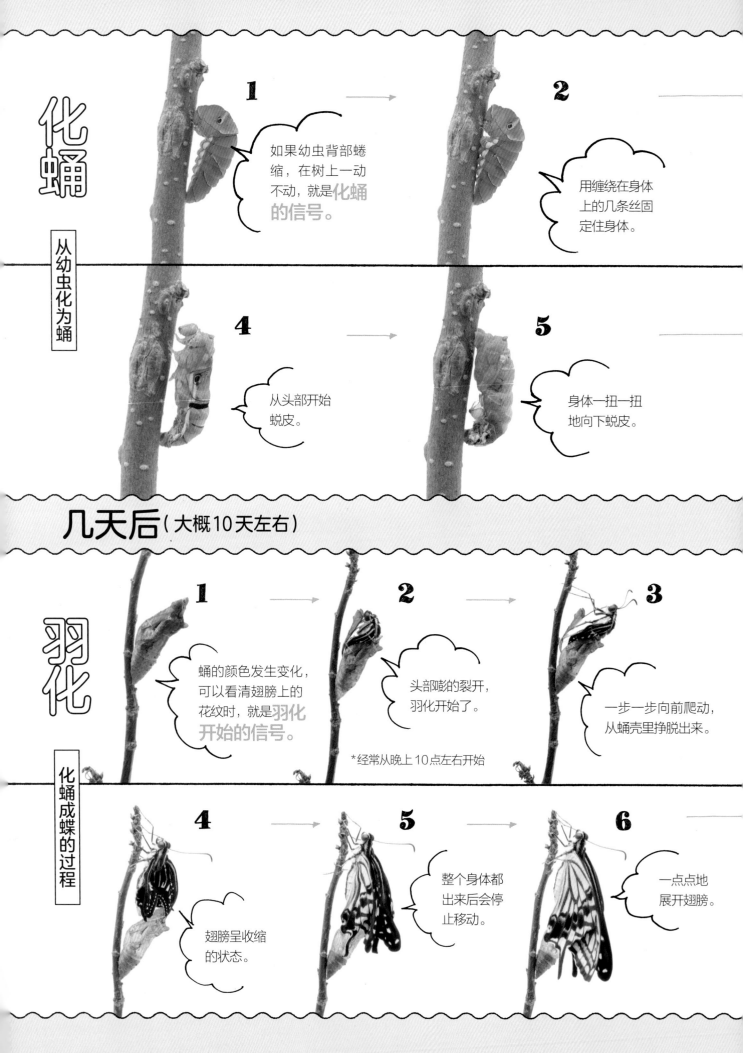

化蛹

从幼虫化为蛹

1 如果幼虫背部蜷缩，在树上一动不动，就是**化蛹的信号**。

2 用缠绕在身体上的几条丝固定住身体。

4 从头部开始蜕皮。

5 身体一扭一扭地向下蜕皮。

几天后（大概10天左右）

羽化

化蛹成蝶的过程

1 蛹的颜色发生变化，可以看清翅膀上的花纹时，就是**羽化开始的信号**。

2 头部嘭的裂开，羽化开始了。

*经常从晚上10点左右开始

3 一步一步向前爬动，从蛹壳里挣脱出来。

4 翅膀呈收缩的状态。

5 整个身体都出来后会停止移动。

6 一点点地展开翅膀。

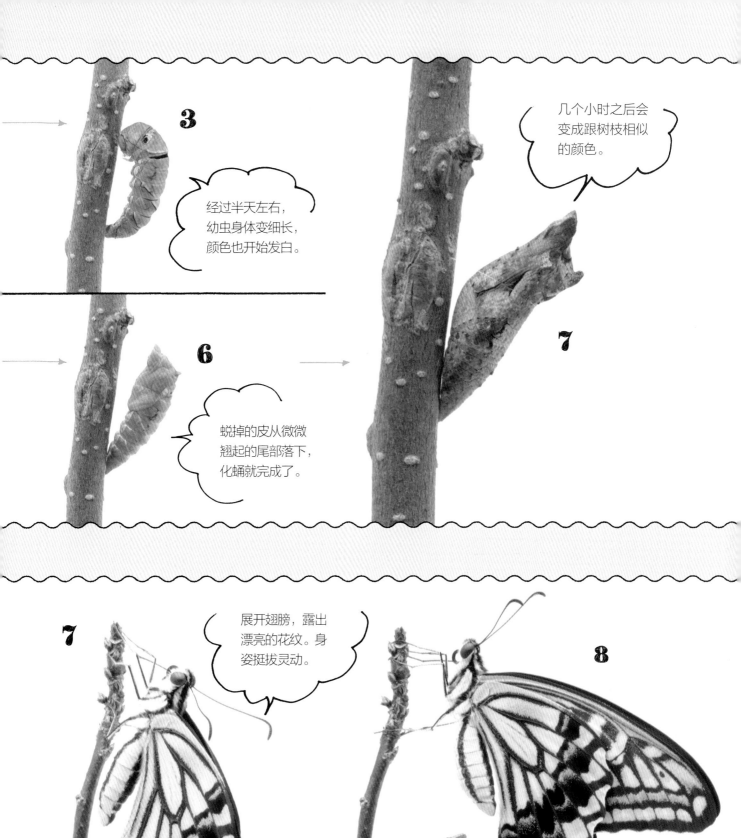

3

经过半天左右，幼虫身体变细长，颜色也开始发白。

6

蜕掉的皮从微微翘起的尾部落下，化蛹就完成了。

几个小时之后会变成跟树枝相似的颜色。

7

7

展开翅膀，露出漂亮的花纹。身姿挺拔灵动。

8

六足也强健有力，翅膀变干后就可以飞了。羽化在晨曦中结束。

东亚飞蝗（蚂蚱）

长大后可达7厘米

饲养方法

挑选一个大的塑料箱

将花园里挖来的黑土填入一个大塑料箱底部。东亚飞蝗用尾部接触泥土在土里产卵，所以土壤要铺得厚实一些，还需要放置一个小小的盛水容器方便它们饮水。容器中填满潮湿的泥炭藓。它们以禾本科的植物为食，可以取一个玻璃瓶，装上水将植物插在瓶中。这样不但可以为它们提供食物，还可以供它们藏身。

上面这只是雄虫，大约5厘米长。

放入湿漉漉的泥炭藓用于饮水。

下面这只是雌虫，大约7厘米长。

小·档案

体长 5～7厘米
雌虫比雄虫体型更大。
夏季经常出现在河滩上。
跳跃能力强。

今天的校外活动组织我们去后山探险。后山是一座低矮的小山头，茂密的草丛十分吸引人。但是家长都觉得孩子们独自去那里很危险，平时不让我去那里玩。这次可以光明正大地去那里玩了。

那天从早上开始我就很兴奋，还大张旗鼓地带了捕虫网和塑料箱。跟一起上学的小伙伴会合后，大家看着我的样子不禁捧腹大笑。但我一点都不在乎，毕竟老师曾告诉我们"想抓昆虫的同学也可以带着塑料箱来"，

**在玻璃瓶中
放入杂草**

在玻璃瓶中注水并放入用作饲料的草。草吃完后或枯萎了要及时更换。

这样饲养!

土壤要厚实

土壤要铺得厚实一点，并时不时用喷雾器适当加湿。

喂什么

饲料主要是禾本科的草。放入一些细长的杂草就可以。

中华剑角蝗

雌虫的体长可达8厘米以上!

其实这次活动的目的本来是观察花卉和动物。我们要分小组观察学校后山上有什么动物，开了什么花，把它们画下来并做好笔记，下个星期的课堂上要在班上分享。

可我才不关心这些任务。我一心只想着抓住一只大蝗虫。

但是女生们老是指挥我。

"我背上有虫子，快帮我弄下来！"

"认真点！"

"好好做笔记！"

所以我觉得她们会打扰我抓蝗虫，我明明很认真地做了笔记……

有了这一套设备就可以饲养大多数品种的蝗虫了。东亚飞蝗的成虫到了秋天会全部死亡，但是它们的卵可以过冬。成虫死亡后让塑料箱保持原状，时不时地用喷雾器对着土壤喷喷水，春天来临时可能会有幼虫孵化出来。中华剑角蝗也可以用同样的方法来饲养。

螽斯（蝈蝈）

其实也吃肉！会吃掉同类

小·档案

体长 3.5厘米左右

蝈蝈的腿很长，所以只要抓住腿就很容易捉住它。蝈蝈会咬人，千万要小心。

饲养方法

会咬人！而且很疼！！

在塑料箱里铺上饲养日本钟蟋专用的营养土，再插上适量的杂草为它们准备休息的地方。给它们喂黄瓜补水就够了，还可以时不时用喷雾器往塑料箱里喷喷水，保持湿度。蝈蝈可能会吃掉同类，注意同一个塑料箱里不要放太多。

跟紧地面上的东亚飞蝗，看清它落在什么地方并快速用捕虫网罩住，总是捉得到的。但是草上的蝈蝈就有点难抓了。

小组的其他成员正在一点点向这边靠近，完全没有意识到我跟蝈蝈的"对峙"。其他人过来会惊动我的蝈蝈，我心想这下坏了，肯定是抓不住了。

这时突然传来一声女孩子的尖叫："啊！飞过来一只那么大的蝗虫！"

"快抓住它！"女孩儿急得快要哭出来了。我笑着仔细一看——哎呀！原来是只蝈蝈。

我连忙用手抓住了它。唉哟，被它咬了一口！好疼！但我绝对不会松手的。我一定要把它抓住带回家！凭着坚定的信念，我终于把蝈蝈放进了我的塑料箱里。

塑料箱里的"居民"还有刚抓的一只东亚飞蝗和一只品种不明的小蝗虫，它们应该可以跟蝈蝈做室友的吧。就这样，我开开心心地带着它们回了家。

到家之后我往塑料箱里一看，发现蝈蝈竟然把那只小蝗虫吃掉了！

我这才反应过来，原来蝈蝈也吃肉呀。

实在对不起啦，可怜的小蝗虫。

跳跃能力也很强，不好捕捉！

蝈蝈喜欢站在草上，足尖像吸盘一样紧紧吸住叶片。

这样饲养！

用什么土
黑土中拌入昆虫营养土。

喂什么
蝈蝈是喜欢食肉的杂食动物，所以可以在小碗里准备些小鱼干。用黄瓜之类水分含量高的蔬菜当饲料，穿成串插在土里。

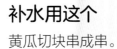

补水用这个
黄瓜切块串成串。

蝈蝈是喜欢食肉的杂食动物，所以盒子里还放了小鱼干。

牙齿虽然不大，但是咬人很痛！

记得只抓一只带回家！

螳螂

眼力很好！正盯着你呢

挥舞"镰刀"壮声势。

眼力很棒！
可以敏锐地捕捉到周围的动静并快速作出反应。行动也很敏捷！

捕捉方式

捉螳螂的时候从后面抓住它细细的"脖子"。

螳螂是草丛中的霸王……我以前试着抓过许多次，但最后都以失败告终。就算躲过了它的袭击抓住了它，它不是举着一对"镰刀"对我一顿乱砍，就是用尖牙狠狠咬我，受不了疼痛的我只好放它逃掉。

虽然前几次的抓捕都失败了，但是现在的我已经是厉害的三年级学生了。今年一定要成功地捉住一只收进我的塑料箱里。我当然了解它们出没的地方。每年夏末，回家路上经过的公园里都能看到很大的螳螂。

抓只小螳螂就没意思了。男子汉就要堂堂正正地跟大家伙一决高下！

是个脚不沾地的家伙

螃蟹不经常接触地面，所以不用在饲养箱里铺土。可以铺上厨房纸巾，脏了再换新的。放入一个小花盆，种一些禾本科植物以供螃蟹攀附或藏身。在补充水分用的小碗中放入湿漉漉的厨房纸巾，螃蟹就会来饮水了。

这样饲养!

喂什么

尽量每天捕捉一些蝗虫或飞蛾投喂。方便捕捉蜻蜓的季节也可以投喂蜻蜓。

请妈妈来帮忙!
铺上厨房纸巾，脏了就马上更换。

饮水处
将纸巾或苔藓打湿放在小盘里，方便饮水。

模拟草丛的环境
螃蟹喜欢藏身在草叶之间，箱中放置一些植物会更舒适。

13

水蚤

变身蜻蜓大概在晚上8点到11点

马上就到夏天啦！六年级的学生得提前把游泳池打扫干净。我们放掉泳池里的污水，绿油油的污水又臭又脏。

这时我突然发现了水蚤（chài）！仔细一看还挺多！

其实我跟上一届六年级学生打听过，他们说："虽然清扫泳池又脏又累，大家都不喜欢干，但是对喜欢动物的人来说，那里可是一座宝库呢。"我当然是听从了前辈的建议有备而来，口袋里塞满了塑料袋。

我还特地交代了几个朋友："只要是大一点的袋子，能找到的统统给我拿来。"我一边打扫泳池，一边熟练地往塑料袋里装水蚤。

我本来不想让老师知道，但是老师好像已经发现了我的小动作。"打扫差不多了，我们要撒漂白剂了哦。"老师大声地对我下达了结束收集的指示。

回到教室，我赶紧把它们放进塑料箱里。我数了数，差不多有4种水蚤呢。

它们会变成什么样的蜻蜓呢？我十分期待。

白尾灰蜻的水蚤

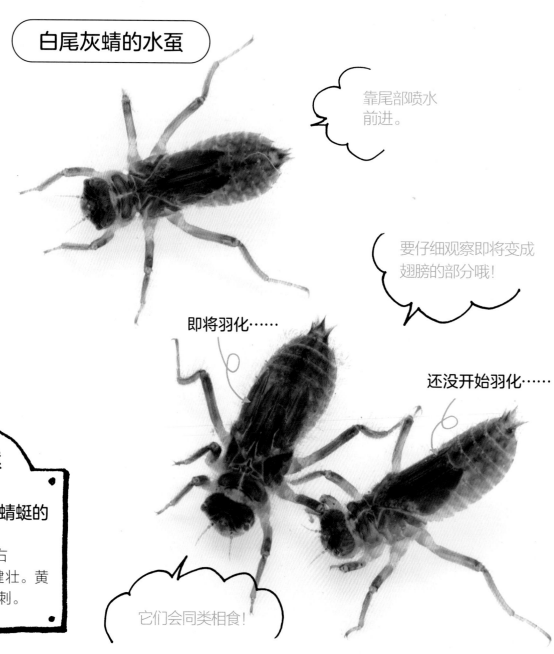

靠尾部喷水前进。

要仔细观察即将变成翅膀的部分哦！

即将羽化……

还没开始羽化……

它们会同类相食！

小·档案

白尾灰蜻、黄蜻蜓的幼虫水蚤

体长 2厘米左右
白尾灰蜻体型健壮。黄蜻蜓的尾部有尖刺。

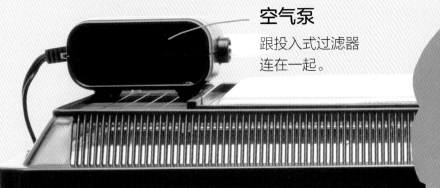

空气泵

跟投入式过滤器连在一起。

这样饲养！

喂什么

饲养要做的前期准备很简单，但麻烦的是准备饲料。饲料可用蚊子的幼虫孑孓（jié jué）或羽摇蚊幼虫等水生昆虫，还可以投喂小鳉鱼。投喂时注意饲料不要太大。如果附近有农田就很容易找到饲料，没有的话请咨询宠物店。

投入式过滤器

脏了就马上清扫。

用于栖息的树枝

羽化的时候会攀在上面。

浮萍

水虿会隐藏或攀附在上面，可以多放一些。

它们可以吃掉跟自己差不多大的鳉鱼！

注水至塑料箱的一半

羽化开始的信号！！

尚未开始羽化的水虿

将要羽化的水虿

还没有分离

会变成翅膀的部分

逐渐分离为4部分

即将变为翅膀的部分形状会发生改变。菱形的部分之前是一个整体，现在像右边的图一样分离成了4个独立的部分。如果出现这种现象几天之内就会羽化，要注意观察。大多数情况下水虿会在晚上8点到11点左右浮出水面并攀上水里插的一次性筷子，这时就在微光环境下安静地观察吧。

饲养方法

借助一次性筷子创造空间

将水注入至塑料箱的一半，放入投入式过滤器并启动。

清扫泳池时捕获的水虿很可能是黄蜻蜓或白尾灰蜻的幼虫。这个季节刚好是它们羽化的时期，可能来不及喂食就羽化了。找一个用于固定花枝的花插座，插上几根一次性筷子，筷子要露出水面。这可以为它们搭建一个方便羽化的地方。

1

晚上8点开始……

晚上8点左右水蚤开始爬上一次性筷子，羽化一般从这时开始。

2

爬上筷子一会儿后，会从背后破壳而出。

水蚤的羽化

如果傍晚发现水蚤有开始往一次性筷子上爬的迹象，就做好通宵观察的思想准备吧！

3

整个身子都出来后，就开始张开翅膀

4

翅膀张开后，开始伸展腹部。

还有其他种类……

超罕见！！

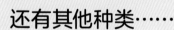

能遇到就太幸运了！

无霸勾蜓

体长　4厘米左右

绒毛很厚，体型也很大。

这个小家伙应该很容易找到！

碧伟蜓

体长　3.5厘米左右

市中心可能也有！

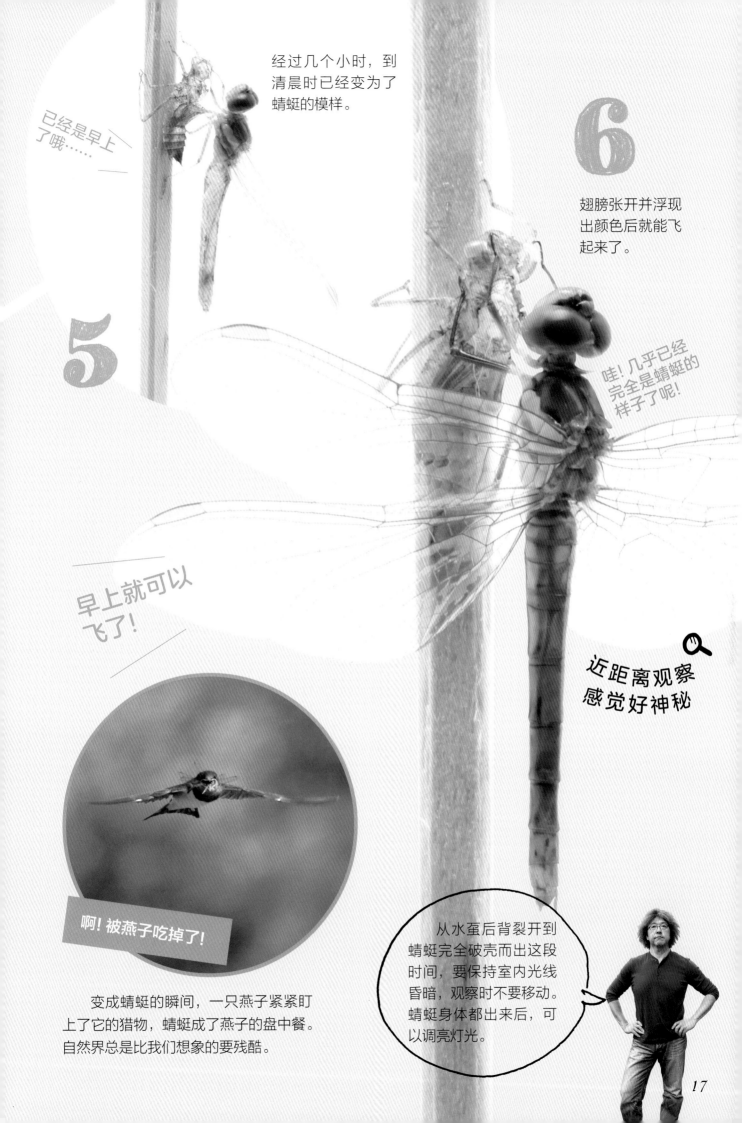

经过几个小时，到清晨时已经变为了蜻蜓的模样。

已经是早上了哦……

5

6

翅膀张开并浮现出颜色后就能飞起来了。

哇！几乎已经完全是蜻蜓的样子了呢！

早上就可以飞了！

近距离观察感觉好神秘

啊！被燕子吃掉了！

变成蜻蜓的瞬间，一只燕子紧紧盯上了它的猎物，蜻蜓成了燕子的盘中餐。自然界总是比我们想象的要残酷。

从水虿后背裂开到蜻蜓完全破壳而出这段时间，要保持室内光线昏暗，观察时不要移动。蜻蜓身体都出来后，可以调亮灯光。

水蝎与龙虱

奇特而有趣的小昆虫

镰刀般的前足很可怕!

尾部的长管伸出水面呼吸。

小·档案

水蝎又名红娘华。
体长 3.5厘米左右
多用镰刀般的前足捕捉小鱼并吸食它们的体液。

用镰刀般的前足捕猎。

尾部露出水面呼吸。

小·档案

体长 1.5厘米左右
如今龙虱很少见,可能会在农田和水洼边发现它们。

船桨一般的后足。是游泳高手!

我 真是太幸运了,真没想到能遇到它们。我听说清扫泳池的时候除了水蚤还能发现其他动物,但怎么也没想到居然能遇到水蝎,甚至还发现了龙虱……

还有其他种类……

中华螳蝎蝽

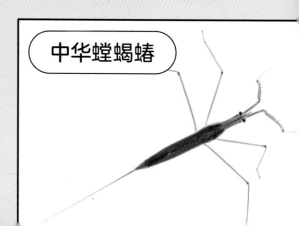

水蝎的
饲养方法

如假包换的肉食动物

塑料箱里铺上沙砾，再装上水，水不要装满，要留出一定空间。放入投入式过滤器并开启。将便于水蝎攀附的水生植物（如果没有，用一次性筷子也可以）插在沙砾里，安置时注意植物之间留出间距。

喂什么
水中放入鳉鱼之类的小鱼，它们会自己捕食。

投入式过滤器

这样饲养！

在沙砾里插入植物，创造攀附的空间。

龙虱的
饲养方法

喂食超市买来的鱼肉块

在塑料箱中铺上沙砾，安装好投入式过滤器。在水中放入沉木，为它们创造攀附和隐蔽的场所。

喂什么
每天投喂鱼肉块，或将观赏鱼专用的虾米晒干后投喂。

尽量还原自然
用沉木和水草创造攀附和隐蔽的场所。

这样饲养！

投入式过滤器
它们不喜欢在水中注入空气。

仰泳蝽	风虫	金龟子
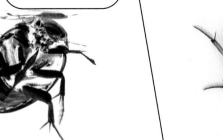		

蜥蜴

趁早上它们动作迟缓的时候捕捉

从家到学校有10分钟的路程。每天早上我会带着附近6个低年级的孩子一起,一行人闲适地踏上上学的路。我是这个小队的队长,一年级的孩子们非常可爱,很爱跟我讲昨天的见闻。五年级的副队长是我值得信赖的搭档。一切都很顺利。但有一件事总让我心里犯嘀咕。

当我们拐进一条小路时,总感觉有沙沙声。我不能让弟弟妹妹们暴露在危险之中,每次经过这里都会提高警惕,但是每次又什么都没发生。就这样,对那个看不见的敌人的恐惧持续了一个又一个早晨……

终于有一天,我的担忧全部消散了。那天要去郊游,所以早上是我独自一人走去学校。一拐进那条小路,我就看到了一只表情可爱的蜥蜴正在阳光下晒太阳。可能是因为那天我出门比平时早了一点,蜥蜴还没晒暖身体,也可能是因为我一个人脚步安静的缘故,蜥蜴没有察觉到有人靠近,所以并没有表现出要逃走的样子。

当它回过神时,我已经把它给抓住了。

可我是要去郊游的,把它放在哪里好呢……放弃的话可能就再也遇不到这样的机会了。于是,我把登山包外侧口袋里装的清洁袋和纸巾放进了别的口袋,悄悄把蜥蜴装进了背包外侧的口袋。于是那天我和蜥蜴一起去郊游啦。

虽然我得时刻小心不能让它把口袋撑坏了,嘿嘿。

* 昏暗的环境里蜥蜴就不怎么动了,甚至会进入梦乡,所以那天的郊游一切都很顺利。

饲养方法

喜欢乱糟糟的环境

在塑料箱里铺上昆虫营养土或花园里的土壤,将盛水的容器安置在角落。将饲养独角仙用的栖木摞起来,创造一个可以藏身的空间。乱糟糟的环境反而很受蜥蜴欢迎。草蜥也可以用这套设备来饲养。

在阳光下晒太阳暖身子,由此开始一天的生活。

很可能出现在便于它们立即隐蔽起来的地方。

小・档案

体长 一般30厘米左右

爬行速度天下第一!要抓住早上的时机。

还原了自然风貌
土壤上还培植了花园里的杂草，努力还原自然环境。

这样饲养！

创造可以藏身的空间
将昆虫用的栖木堆叠起来，搭成一座避难所。

喂什么
饲料可以用昆虫，蜥蜴食量很大，所以要每日供应。不方便捕捉昆虫的话，最近有不少宠物店都在出售饲料用蟋蟀，不妨在附近找找。如果实在不方便准备饲料，可以用喂鸟的面包虫代替，在花鸟鱼虫市场之类的地方应该很容易就能买到。但面包虫营养物质不丰富且不易消化，请不要长期投喂。草蜥也可以用同样的方法饲养。

盛水容器
保证时刻有充足的干净水源。

前爪像人的手一样，很可爱

捕捉的时候瞄准脑袋到前肢根部的这段位置。

捕捉时小心蜥蜴断尾

草蜥

虽然它们喜欢晒日光浴，但一定也要记得留出阴凉的地方。

感到危险时会自己断尾逃生，一定要注意！

日本锦蛇

长度可达180厘米，全身都是肌肉

就像泡澡一样

往容器中注水，让它可以把全身都浸在水中。

这样饲养！

我 太太之前曾经开玩笑说："好想养蛇啊。"看她一副只是说着玩儿的样子我也没放在心上，只是笑着回应她说："这可不好办。"

有一天，我们在附近的公园散步，遇到了一条锦蛇。"原来这里也有蛇呢。"我太太笑眯眯地说。她捕蛇的样子就像电影的慢动作一样。她用两手捧着那条蛇，开心地对我说："我能把它带回家养吗？"原来是真的想养一条呀。真拿她没办法……可千万别让它溜了呀！看着她灿烂的笑容，我最后还是败下阵来。

小·档案

体长 180厘米左右
平时性格很温顺，但是紧急情况下也会咬人，所以千万不可大意。

抬头看树上，又发现一条！真是没想到呢……

树枝可以帮助蜕皮

放入树枝有助于营造立体的活动空间，蛇可以通过摩擦树枝来蜕皮。

喜欢狭窄的隐蔽场所。

喂什么

锦蛇以青蛙、老鼠为食，可以投喂田地里捕来的青蛙或宠物店售卖的饲料鼠。一个星期喂食一次。

饲养方法

爱干净
善于逃跑

　　找一个结实的塑料盒，里面铺上厨房纸巾或报纸，放入盛水的容器、隐蔽物和方便蜕皮时缠绕的树枝。

　　蛇是逃跑大师，所以一定要将整个盖子都盖好并用捆扎带固定，以防其逃跑。蜕皮之前它会将全身浸在水中，所以盛水容器的大小要保证可以容纳整条蛇。粪便要及时清理，保持水质清洁。蛇喜欢干净，所以箱底铺的厨房纸巾脏了也要及时更换。清扫时需要先将蛇转移到其他的塑料盒里。转移到别的塑料盒之后也别忘了绑好捆扎带。

把自己盘起来的时候就是要准备攻击了！

注意

摸起来感觉滑溜溜的，全身都是肌肉。

绑紧！

防止逃跑一定要绑紧捆扎带！

蜗牛

蜗牛壳其实很脆弱！真是意想不到

出乎意料

蜗牛的壳其实很脆弱，很容易开裂，所以要轻拿轻放。

眼睛不太好。

🔍 仔细看看样子，还有点吓人呢！(>o<)

慢慢向前爬动，会留下湿乎乎的痕迹。

一个雨天，我开车走在路上。等红灯的时候，我发现前面的那辆车上贴着一个蜗牛的贴纸。我欣喜地对儿子说："宝宝快看！那儿有一个蜗牛贴画。"话音刚落，我好像看见贴纸在动。原来是一只真的蜗牛！

想象力丰富的我不禁开始为前途未卜的蜗牛担心。万一它因为体力不支从那辆行驶的车上掉下来，不就被紧随其后的我碾个粉碎了吗？万一突然天气放晴，它不就被太阳烤成蜗牛干了吗？万一没人发现它，它就这样挂在车上进了洗车房呢……

这时，刚好前面那辆车在铁路道口停了下来。我赶紧挂上 P 挡拉起手刹，跑过去说明了事情原委。就这样，我救下了那只蜗牛。

随身携带的给儿子装尿布用的塑料袋派上了大用场。我把蜗牛放进塑料袋，又把塑料袋膨起来一些，这才封好袋口。出发喽！

小·档案

体长 4厘米左右
下雨天很常见，晴天的时候会藏在叶子背面之类的地方。

饲养方法

这样看来
蜗牛喜欢干净

蜗牛喜欢潮湿的环境，所以可以在塑料箱里铺上潮湿的泥炭藓，再放入盛放饲料用的一大一小两个容器。泥炭藓不宜过于湿润或干燥，用一只手沥干水分的程度刚刚好。

湿度过高不利于维持清洁的环境，粪便和残留的饲料很快就会发霉，所以需要一个星期左右用水清洁一次整个塑料箱。

看！粪便的颜色跟饲料一样

吃了卷心菜粪便颜色就是绿色。

吃了胡萝卜粪便颜色就是橙色。

蜗牛吃的饲料是什么颜色，粪便就会是什么颜色。试试投喂不同颜色的蔬菜吧，会很有意思！

这样饲养！

喂什么

卷心菜和胡萝卜等主要的饲料放在大碗里。小碗里放入鸡蛋壳，补充蜗牛壳形成需要的钙质。

用鸡蛋壳补充营养

沥干水分的泥炭藓要保持清洁，可以时不时地用喷雾器喷点水防止变干

每天更换饲料

鼠妇

饲料几乎不用花钱

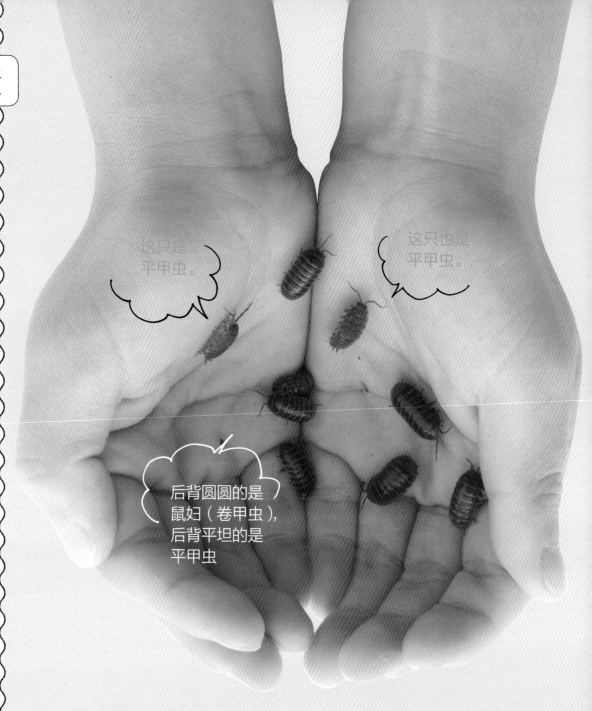

这只是
平甲虫。

这只也是
平甲虫。

后背圆圆的是
鼠妇（卷甲虫），
后背平坦的是
平甲虫

小档案

体长 1厘米左右
如果在水泥地上把它们
翻过去，它们很难自己
翻回来，所以要积极地
帮助它们翻身。

我 儿子特别喜欢鼠妇，
几乎可以说是他形影
不离的好朋友了。每
次从幼儿园回来他手里都握
着一把，无论如何都不愿意
撒手。妻子每天都要在花园
里跟他拉锯，最后好不容易
才说服他把鼠妇放生。

一天晚上，妻子准备给
儿子洗裤子。翻看口袋的时
候发现了一兜子小石头。她
把口袋整个翻过来，果然在
里面发现了一只鼠妇。

我们家住在公寓的四楼，
没有地方可以放生。

没办法，她只好找来一
个装过草莓的包装盒，里面
铺上厨房纸巾，把鼠妇放了
进去并用保鲜膜封好。

第二天早上，儿子发现
草莓包装盒里的鼠妇非常
开心，问："可以养在家里
吗？"我顺口答道："那我
下班回家路上去买个塑料箱
回来。"

就这样我们成功饲养了
一只鼠妇。

感到危险时就团成一个圆球

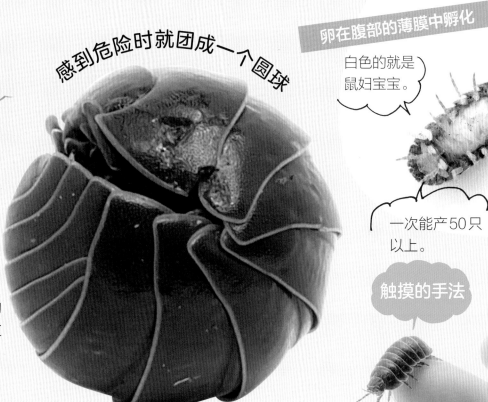

晃动会使它受到惊吓，这时它会把身体团起来。

箱子里铺的是松软的土和落叶，踩上去应该不会晃动吧！

卵在腹部的薄膜中孵化

白色的就是鼠妇宝宝。

一次能产50只以上。

触摸的手法

转动手掌，让鼠妇在指尖自由爬行。

饲养方法

时常保持湿润

在塑料箱里铺上腐殖土或昆虫营养土，上面再铺上厚厚一层落叶，再放入几根用于锹甲产卵的朽木，鼠妇一般会藏在木头下面。

需要经常用喷雾器给土壤喷水，防止干燥。鼠妇不喜欢被淋湿，喷水的时候注意不要直接喷在鼠妇身上。鼠妇把落叶吃光了要及时补充落叶。虽然不需要定期换土，但是喂食蔬菜会弄脏土壤，如产生异味或发霉就要更换新的土壤。

喂什么

饲料可用落叶、卷心菜、胡萝卜和小鱼干。还可以投喂金鱼的鱼食。

藏在木头底下

把朽木堆放在一起，它们喜欢藏在木头下面或朽木之间的缝隙里。

这样饲养！

落叶是饲料

落叶可以让它们躲在里面，同时也能作为它们的饲料。

稍微打湿土壤

出现在课堂上
的常见动物之

蟾蜍

会吃掉鼠妇哦！是爬行专业户

饮水处
湿漉漉的泥炭藓。

地面
铺上干燥后的昆虫
营养土或泥土。

喂什么

只要是活的虫子就可以，比如鼠妇、土鳖虫、蚯蚓等。蟾蜍食量很大，如果来不及捕捉，可以从宠物店里买一些蟋蟀。

饲养方法

蟾蜍用肚子吸收水分

将泥土或昆虫营养土铺在一个可以盖紧盖子的塑料箱中，再放入一个盛水的容器和躲避屋。这次我用了半个切开的花盆当躲避屋，用宠物店售卖的普通躲避屋也可以。除了繁殖期，蟾蜍很少在水中游泳。它们生活在森林里，所以注意不要让泥土太潮湿。蟾蜍并不是用嘴而是用肚子吸收水分，所以不必准备盛满水的容器。在盛水容器中放入湿漉漉的泥炭藓就可以。

小档案

体长 10 ～ 15 厘米
3月至4月的繁殖期及梅雨期经常会遇到体型较大的蟾蜍。

居生活真舒适。这里电车四通八达，离高速路入口也很近。我搬到这个郊区的新住宅区马上就要满一年了，这里环境优美，漂亮的新房四处林立。附近还有郊区特有的大型购物商场和家居店。在这里生活很舒适，我非常满意。

有一天，突然发生了一件特别的事。

那是一个雨夜，我像平时一样开车回家。进入住宅区后，我突然发现路上有什么东西。离家越来越近，那差不多拳头大小的动物也越来越多。发生什么事了？家里没事吧！我下车来查看那动物的真容，竟然是好大的蟾蜍。

我在这里住了将近一年，还一只都没见过，现在它们却以惊人的数量占据了马路。就连我们家的院子里和玄关也满是蟾蜍。到底怎么回事啊？我小心地避开蟾蜍进入玄关，慌慌张张地关上了门。

我呼哧呼哧大口喘着粗气。

妻子看到我问道："怎么了？看你脸都青了。"

"不得了了！你快看看外面。"

"哦，你是说这个呀——"我顺着她手指的方向望去，只见一个大大的塑料箱里，一只蟾蜍正端坐其中，像只妖怪。

"听说这附近之前是一片农田，所以蟾蜍回来产卵了。孩子们见了特别高兴，就捉了一只回来养。"

啊，原来是这样。刚才怎么会这么紧张呢？

虽然嘴巴很大，但是喜欢吃小虫子。

行走专业户，跳跃能力不是强项。

雨蛙

小小的身体，
却有大大的嘴巴和洪亮的声音

胃口很大，蝗虫、蜘蛛什么都会吃很多

在塑料盒底部铺上泥炭藓，放入盛水容器和小型且耐水的赏叶植物（无土栽培的植物等），供雨蛙安心躲藏或活动。塑料盒中铺的泥炭藓要沥干水分，盛水容器中则要放入打湿的泥炭藓。这样方便雨蛙通过腹部接触泥炭藓吸收水分，也能避免饵料蟋蟀淹水。

身体虽小，但嘴巴很大，可以吃掉个头很大的食物。

趾尖有吸盘，哪里都能爬上去！

小·档案

体长 3厘米左右
可爱的雨蛙白天也经常出现。出太阳的时候，它们会在草叶上缩成小小一团，避免身体被晒干。

喂什么

可以喂食蝗虫、蝴蝶、蜘蛛、蝇等。雨蛙的食量很大，要每天喂食。如果来不及捕捉，可以从宠物店买一些蟋蟀。也可以用渔具商店里卖的鱼饵蚯蚓和鸟食面包虫代替，但从营养方面考虑请勿长期投喂。

补水处

把泥炭藓打湿到湿漉漉的，这样雨蛙就可以用腹部吸收水分了。

这样饲养！

放入植物，既可以当雨蛙隐蔽的场所，也可以供它们攀爬。

铺上沥干水分的泥炭藓。

偶遇蟾蜍的事情过了几个月之后，又是一个晚上。我拖着疲惫的身体回到家，一到客厅就立刻像滩泥一样摊在沙发上睡着了。

大概过了几个小时吧。

呱呱呱呱……

我听到有什么东西在我耳边叫。我啪的一下睁开眼，咦？又什么声音都没有了。"难道是我睡迷糊了？"我小声嘟囔着。

呱呱呱呱……

嗯？确实是什么东西在发出响亮的叫声。应该不是睡迷糊了，于是我打开了电灯试着寻找声音的来源，但叫声又消失了。我望了一眼蟾蜍，可好像并不是蟾蜍的叫声。不会是家里进了什么可怕的动物吧？

我心中忐忑，拿出手电筒在客厅四处寻找的时候，妻子推门出来了。

"你半夜三更窸窸窣窣地干什么呢？都把我吵醒了！"

"我刚才听见有什么东西在叫，声音特别大，好吓人，所以赶紧起来找找。"

"啊，是那个吗？"她指向窗外的一个塑料盒，"傍晚的时候孩子们捉了一只雨蛙，开开心心地带回来了，说要养起来。"

原来是这么回事呀。咦？这么大的声音居然是从窗外传来的。雨蛙的身体那么小，竟然可以发出这么洪亮的声音。可怜的我连搞出一点小动静都不行，这个家伙却可以这么肆无忌惮地大声叫。

蝌蚪

先长出后腿

饲养方法

变成雨蛙之后注意不要让它们溺水

在塑料箱中安装投入式过滤器。跟养鱼一样，水需要除氯。变成雨蛙之后要让它们尽快上岸，否则可能会溺水。所以需要将凤眼莲浮在水面上，以便它们随时上岸。

喂什么

可以投喂煮熟的菠菜和鲣鱼干，但最好还是用薄片状的金鱼鱼食。鱼食会浮在水面上，所以喂食的时候请把鱼食沉入水底。

雨蛙的蝌蚪，身体圆圆的，双眼之间距离很远。

为了方便在水中游泳，它们的尾巴上有鳍。

先长后腿，再长前腿。

空气泵

这样饲养！

小心不要让它们溺水
腿全长出来从水中上岸的时候
要小心别让它们溺水，提前把
凤眼莲放在水面上。

投入式过滤器

用吸便器清理粪便
蝌蚪的粪便很多，所以不用铺沙砾，
要经常用吸便器或软管清理粪便。

养好任何一种动物都不容易。

一板一眼地按照饲养手册来养也行不通。

因为每个动物都是独特的个体，饲养人也各有不同。

比如，要饲养的动物是野生的还是人工繁育的？

放置饲养箱的房间是凉爽的还是温暖的？

饲养人是否尽职尽责？

因此本书只介绍饲养动物的入门知识，属于最基础的内容。

如果在饲养过程中遇到任何问题，请向专业人士咨询。

他们可以为你介绍适合动物生活环境的饲养方法。

就算是为了小动物，也不要独自烦恼，请积极咨询附近的工作人员。

爬行动物专家山田先生
的饲养方法

咦？！这些
动物怎么养

山田和久 简介

　　山田先生是一家爬行动物商店的
老板。两栖爬行类动物中，他特别擅
长跟大型的危险动物打交道。

蝎子

会把孩子背在背上养

最近经常见宠物店里有卖蝎子的。有一次看到蝎子,妻子说:"哎呀,好恶心。谁会买这种东西呀!"我听了之后也随声附和道:"就是嘛。"但是,其实我心里早就想养一只了。拜托,养只蝎子当宠物也太酷了吧。

回想起来,小时候在电视上看到蝎子那极具机械感的黑色光泽,巨大的钳子和高高立起的毒针,我就被蝎子的一切深深吸引了。

而且我发现,那种又黑又大的蝎子最近卖得很好,其实毒性也不强。

倒是可以养养看⋯⋯

剩下的就是要怎样说服妻子的问题了。

饲养方法

从蝎子的角度来考虑

在塑料盒中铺上棕榈皮,再放入树皮之类的供蝎子藏身。虽然藏起来就看不到了,但这样会让蝎子很安心。

希望你们可以从蝎子的角度出发,多为它们考虑。

温暖的季节这个配置就可以直接养了,冬天需要在塑料盒下面垫加热器来取暖。

请把零花钱攒起来,提前准备一个吧。

镊子

用手抓蝎子的时候可以用手指捏住毒针,但还是用镊子夹住最保险!

以防万一,请小心尾巴尖上的毒针。

放在手掌中其实很安全。
*毒性很强的品种除外。

巨大的钳子。如果被夹住会很痛,但是也不要紧。

小·档案

帝王蝎

体长 15 ~ 20厘米

最大有超过30厘米的,是世界上最大的蝎子。

躲避屋
可用树枝或切开的花盆，蝎子会躲藏在下面。

土的种类
土壤用日本钟蟋营养土或昆虫营养土等。

喂什么
一个星期喂一次活的昆虫（如蟋蟀）。饲料中的昆虫如果没有被吃掉，应立即从箱子里拿出来，否则蝎子可能会遭到意外的反击。

蝎子的育儿方式

每每看到这样的场景，我都会觉得不应该带着偏见去看待动物。

蝎子会把孵化的宝宝背在背上保护它们一段时间。

大概20只

白色的就是蝎子宝宝

会很用心地照顾它们几天时间

狼蛛

意外地很温和，毒性也不强

附近的宠物店有狼蛛。不论是狼蛛的名字、身姿，还是进食的样子，都莫名地令人心动呢。太让人着迷了，光是看看都感觉好心动。每次一个人来看的时候都挪不开脚步。

但是，我觉得在自己家养一只不太现实。一旦开始养了，我怕自己会忍不住收集各种品种。

我丈夫好像对旁边的蝎子特别感兴趣，但是我更喜欢狼蛛，所以我故意对他说："哎呀，好恶心。谁会买这种东西呀！"这个家伙竟然回答说"就是嘛"，直接说自己想养一只不就好了。

小·档案

玫瑰狼蛛

体长 10厘米左右（加上腿长）

生活在南美洲，性情温和，毒性不强。

放在手掌上意外地温顺。

*尽管如此，被咬之后伤口处会肿起来。毒性虽然不强，但也有过敏死亡的案例，所以一定要小心！

腿上有绒毛，有些人可能会感觉很痒。

小心巨大的牙齿!

树枝是隐蔽场所

放入树枝方便狼蛛攀爬，还可以为它们提供隐蔽场所。

浅浅的盛水容器

土壤的种类

土壤用日本钟蟋营养土或昆虫营养土。

这样饲养！

喂什么

捕捉活的昆虫，或者从宠物商店购买饵料用蟋蟀。一个星期喂一次。温暖的季节食量变大，气温低的时候食量则会变小，请根据具体情况调整喂养。

饲养方法

没盖紧盖子会很危险

狼蛛的活动范围覆盖了很大的空间，所以需要将其安置在盖子可以盖紧的塑料盒里。铺上棕榈皮，再放入盛水容器和可供狼蛛攀爬的树枝。这样的配置就可以饲养狼蛛了，和蝎子一样，冬天的时候需要垫加热器，给它们铺个"地暖"。

伞蜥

虽然不太流行了，但是还能见到这种动物哦

我 在电视上看过报道，伞蜥第一次来到日本的时候，人们为一睹活动上展出的活伞蜥而排起了长龙。

那时我做梦也没想过要养一只，实际上从小到大我也没亲眼见过活的伞蜥。没想到竟然会在宠物店里突然近距离地遇到自己心仪已久的小动物。它很快发现了我，并紧张地张开了它的"斗篷"。

喂什么

饲料以蟋蟀或面包虫为主，也可以喂一些蝗虫。要在崎岖的河岸或人迹罕至的草丛中捕捉蝗虫，避免在公园或稻田等可能喷洒杀虫剂的地方捕捉，因为杀虫剂可能会对伞蜥造成伤害。

紫外线灯

保温灯
与恒温器配套使用，将温度维持在28℃左右。

这样饲养!

用于休息的场所
伞蜥可以攀在树枝上休息，还可以趴在这里暖和身子。

盛水容器
虽然它们不喜欢从容器中喝水，但一定要放一个。

巨大的嘴巴里排列着许多细小的牙齿。被它们咬了会造成细碎的伤口，所以一定要小心。

熟悉环境之后就不会张开伞状领圈了……

被激怒时会张开伞状领圈。

饲养方法

不喜欢喝水！但要记得每天给它喂水

　　在爬行动物饲养箱中安装紫外线灯、保温灯、加热器、盛水容器并放入树枝。安装好这些装备就可以开始饲养了。其实这些设备加起来比买一只伞蜥都贵，但如果想长期饲养的话，就要舍得投资。给保温灯配一个恒温器，并把温度设置在28℃左右。紫外线灯早上打开，傍晚时关闭就可以。

变色龙

可以观察到它们的身体变化颜色

🔍 仔细看的话就会发现脸很可爱!

身体颜色会根据情况产生细微的变化。

眼观八方,视力很发达。

尾巴和四肢的形状都已适应了在树上攀爬。

小档案

高冠变色龙
头身长 25厘米
虽然一般认为变色龙会根据周围环境变化颜色,但实际上颜色变化没有那么明显。

"**你**说的'变色龙',是那个'变色龙'吗?"

"对对!就是那个变色龙。"

"你的意思是,你养了一只变色龙?"

"对,我养了一只变色龙。"

"为什么要养呢?"

"因为可爱呀。"

"变色龙是买不到的吧?"

"能买到,普通的宠物商店就有卖的。"

"真的吗?你可别骗我。"

"真的没骗你。"

"嗯?你说的变色龙,真的是我想的那个'变色龙'?"

"我不是说过了吗,就是你想的那个。"

"那个会变色的家伙?"

"对对,就是那个会变色的家伙。"

"舌头可以伸很长的那个?"

"没错,可以伸得很长。"

"是以前那个画笔广告上的变色龙吗?"

"这个我倒是不太清楚……"

保温灯
与恒温器配套使用。

紫外线灯
白天打开。

手工制作的饲养箱，用十元店买来的烧烤网做的。

准备可供它们攀爬的地方
变色龙是生活在树上的动物，为了方便它们活动，需要放入观叶植物。

托盘
铺上报纸避免弄脏托盘。

用烧烤网搭的手工饲养箱，可以直接让它们在里面晒太阳。

饲养方法

用玻璃吸管把水喂到它嘴边

爬行动物专用的笼子最好，但价格很贵。用从十元店买的烧烤网和扎带自己做一个饲养箱就足够了，以变色龙的力气不会撬开笼子爬出去。如果觉得自制的这种体积太大，也可以用鸟笼。但是体型较小的变色龙可能会从鸟笼的缝隙逃走，所以最好还是用这个手工制作的饲养箱！

在室内饲养的话一定要准备紫外线灯和保温灯。放入观叶植物以便变色龙攀爬和隐藏。它们不喜欢从盘子里喝水，所以每天要用喷雾器给植物喷几次水，或者用滴管直接给它们喂水。也可以使用能自动滴水的工具，但是最好还是使用喷雾器或滴管，因为这样方便每天观察变色龙的情况。

使用手工制作的饲养箱或鸟笼很方便白天带它们晒太阳。变色龙需要充分的紫外线，但也不要放在阳光下暴晒，否则会把它们晒干。可以盖一个草帘为它们遮阳。

喂什么
饲料以宠物商店售卖的蟋蟀为主，也可以投喂院子里捕捉的各种昆虫。

晒太阳的时候记得盖上草帘哦！

晒太阳的时候需要适当遮阳，不要忘了给它们盖上草帘。

陆龟

特别喜欢蒲公英，熟悉之后可以跟它一起散步

"您好，我想买一只陆龟。"

"陆龟有很多品种，您想要什么陆龟呢？"

"嗯，我昨天在电视上看到一种特别大的，就是可以把人驮在背上的那种。"

"是象龟吗？"

"对对对！好像是叫加拉帕戈斯象龟。"

"不好意思，我们这里没有加拉帕戈斯象龟。"

"那可以预定一只吗？价钱好商量。"

"对不起，这个没办法预定呢。如果您预算充足的话倒是有阿尔达布拉象龟。"

"我没听说过这个，我还是想要加拉帕戈斯象龟……"

这是普通人经常会产生的想法。我很理解他们对象龟念念不忘的心情。

喂什么

长蒴黄麻、小松菜等蔬菜或是陆龟专用的食物，并撒上钙剂。钙剂不必每餐都投喂。

去散步吧！

喜欢在外面吃各种各样的草！最喜欢蒲公英。

小档案

甲长 15 ~ 100厘米

陆龟有许多品种，其中有体长12厘米左右体型较小的品种，也有苏卡达象龟和红腿象龟等超过70厘米的大型陆龟。

就像晾衣服一样，晚上要收回来放在室内

在爬行动物专用的饲养箱中铺上棕榈皮，放入躲避屋、饮水容器，再安装上紫外线灯、保温灯和恒温器，这样就可以饲养陆龟了。

气温不低于20℃的季节也可以养在院子里，会显得特别可爱。用园艺用的围栏圈出一块空地，放置一个躲避屋为它们提供阴凉处，再放入一个盛水容器。容器用砖块固定住以防倾覆。为了取暖和维持健康需要让陆龟接触紫外线，但不可以一整天都在阳光下暴晒，所以要为它们准备一个可以躲起来乘凉的地方。晚上天气可能会突然变冷，而且放在室外还有被猫袭击的风险，所以一定要把它们放到室内，就像天黑了要把晾干的衣服收回来一样。

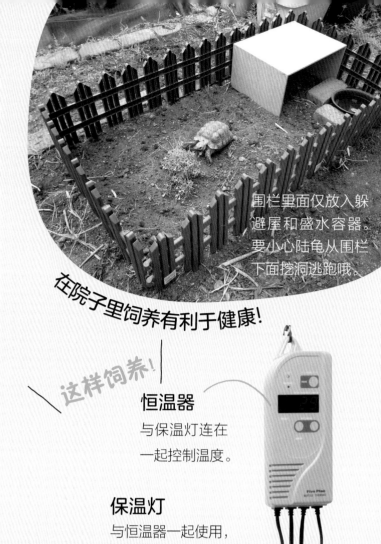

围栏里面仅放入躲避屋和盛水容器。要小心陆龟从围栏下面挖洞逃跑哦。

在院子里饲养有利于健康！

这样饲养！

恒温器
与保温灯连在一起控制温度。

保温灯
与恒温器一起使用，为整个饲养箱保暖。

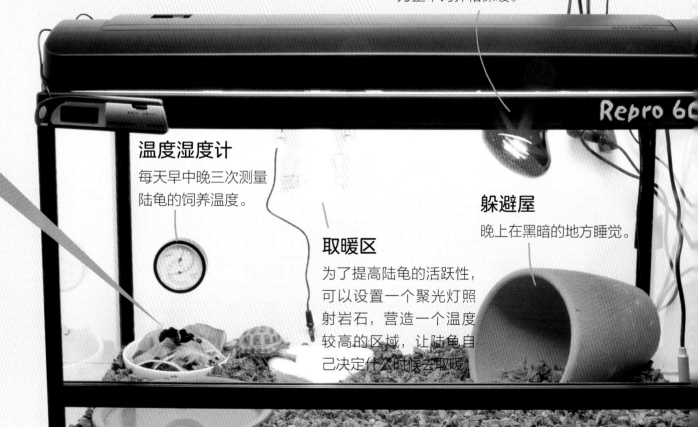

温度湿度计
每天早中晚三次测量陆龟的饲养温度。

取暖区
为了提高陆龟的活跃性，可以设置一个聚光灯照射岩石，营造一个温度较高的区域，让陆龟自己决定什么时候去取暖。

躲避屋
晚上在黑暗的地方睡觉。

Repro 60

几年之后体长会超过40厘米！

豹纹守宫

人气持续飙升 各种颜色都有!

躲避屋
白天基本会躲在这里。

这样饲养!

好像在眨眼呢!

我 在电视上看到有艺人说自己养了一只叫作"豹纹守宫"的宠物。那是什么动物呢? 在咖啡店里,我又听到隔壁桌的女生正兴奋地讨论:"豹纹守宫好可爱呀!"我又听到了这个名字,这到底是什么样的动物呢?

直到我妹妹也开始养豹纹守宫,我才知道它原来是长这个样子呀。写出来是"豹纹守宫"这几个字,这下终于记住它的名字了。后来我决定自己也养一只。看来现在是豹纹守宫大热的时代了呢。

小·档案

全长 25 ~ 30厘米
与自然界中存在的数量相比,作为宠物饲养的数量更多。

加热器
寒冷天气的必备品。

独来独往的夜行动物

　　豹纹守宫不喜欢攀爬，可以准备一个面积较大的塑料箱，铺上木屑方便它们爬行。然后再放入躲避屋和盛水容器就可以开始饲养了。豹纹守宫是夜行动物，不需要吸收太多紫外线，因此不必安装紫外线灯。它们喜欢打架，最好一次只养一只。

盛水容器
选用浅口容器，避免饲用蟋蟀淹水。

喂什么
以蟋蟀和面包虫为主，也可以捉一些蝗虫投喂。

颜色多种多样，可以根据自己的喜好选择。

营养状态好的话，尾巴会变得肉嘟嘟的

仔细观察就会发现眼睛很漂亮！

钟角蛙

老鼠的蛙界王者

可以一口吞下整只

只要是会动的东西什么都吃?!

宠物店里有一个小小的水槽。里面有什么东西吗？什么也看不见啊，我这样想着把脸凑了过去。"咣"的一声，藏在沙子里的什么东西突然跳了出来。

毫无防备的我被吓了一跳，哇地大叫一声，引得周围人都向我看了过来。

那个让我当众出丑的家伙张着大嘴，舌头贴在玻璃上，眼睛盯着我。应该不是想亲我吧……难道是想吃掉我吗？

它好像叫钟角蛙，而且旁边还写着"蛙类中人气最高"，也不知道是真的假的，反正我到现在为止也没见过有人养。店员在一旁目睹了整个过程，笑嘻嘻地走了过来。

"它对你很感兴趣呢。只要是会动的东西，它什么都想吃。"

我一言不发地离开了。哼，这个店员真不会说话。

可我还是会忍不住想起它，忘不掉那只蛙巨大的嘴巴。啊，我明白了！原来大家都是这样变成了那种蛙的俘虏。我才不会这么容易屈服呢。我才不要养它。

被激怒后身体会膨胀，变得气鼓鼓的。

·小·档案

体长 12～15厘米
体型较大的会捕食老鼠等哺乳动物。

天气冷的时候在
塑料箱下面铺加
热器。

这样饲养!

饲养方法

把它放在浅水里就可以了……

往塑料箱里倒浅浅的一层水，把蛙放进去就行了。寒冷的季节需要在箱子下面放加热器。

及时换水清理粪便。

水底铺上沙砾，钟角蛙就可以把半个身体埋在里面了，但进食的时候可能会误吞。它们无法自行将积在胃里的沙砾排出体外，只能让兽医通过手术取出，所以建议大家饲养的时候不要放沙砾。

也可以用睡莲花盆来养哦。

用老鼠当饲料

它们的食物是金鱼和家鼠的粉色幼崽。宠物店会出售冷冻粉色小鼠，最近一些建材市场的宠物区也有。用镊子夹住小鼠放在钟角蛙面前，它们会嗷呜一口吞下去。

非常简单……用睡莲花盆就可以!

嘴巴几乎和脸一样大
会捕捉所有会动的东西。

墨西哥钝口螈（六角恐龙）

它是远古动物之一呢!

小·档案

全长 20～30厘米

墨西哥钝口螈又名美西螈、六角恐龙。它是两栖类动物。

投入式过滤器
不喜欢太强的水流。

向外张开的鳃很可爱。

六角恐龙曾经是一种非常受欢迎的动物。年纪较小的孩子可能不是很了解。

它们以前人气特别高呢，很多插图和文具上都能看到它们的身影。我姐姐好像有一个画着六角恐龙的文具盒，其实我父母还养过五颜六色的好几只。可惜太难养了，很快就死掉了。当时我说，真想不明白，这种动物根本没法养吧。而且一点都不可爱，真的不理解为什么要养它们。

话虽这么说，我们家现在正养着几只六角恐龙呢。有的是附近的水族馆新出生的六角恐龙宝宝，有的是儿子学校以前养的。

这不是马上就要过暑假了吗，老师就问谁想领养一条带回家。我儿子平时就很喜欢小动物，班上同学就"快去快去"地鼓动让他举手。我儿子就心满意足地把它带回家了。虽然养不好也不会有人来追究责任，暑假过后也可以一直留在家里，但是我们家今年夏天计划去夏威夷旅游呢。之前一直不确定能不能申请下来年假，所以旅行计划一直对儿子保密。现在假批下来了，所以可以请你帮忙照顾它们一段时间吗？帮忙照顾两周左右就可以。

实在不好意思，那就拜托了。

夏天要放在凉爽的客厅里，记得给它开空调哦

准备一个较大的水槽或塑料盒，装好投入式过滤器。六角恐龙受伤易患水霉病，而且为了保持清洁，请不要在水底铺沙砾，要及时用吸便器吸走粪便。放置水萍或金鱼藻等水草可以让它们安稳下来。就算能帮助它们放松也好，请在水中放一些水草。

水温保持室温就可以，但夏天对它们来说太热了，所以请把它安置在有空调的客厅里。如果条件不允许，可以把它放在家里最凉快的地方。而冬天则要找一个温暖的地方。

在水中放入金鱼藻等水草可以让它们安稳下来。

不铺沙砾。

喂什么

每天投喂生鱼片或金鱼。没吃完的饲料要立刻取出来。

红腹蝾螈的宝宝

红腹蝾螈的宝宝长得也很像六角恐龙！幼年期它们生活在水下，所以脸侧长着晃晃悠悠的外鳃。它们当了爸爸妈妈之后会搬到陆地上生活，外鳃会消失变成左图的样子。

雪鸮

是来自魔法学校的使者吗

看了那个魔法学校的电影，我想如果能像电影的主人公一样拥有一只这样的好搭档就好了。我曾幻想过自己也养一只，可是这种动物应该只能在动物园里观赏，没法家养吧。

跟排球差不多大。

小档案

全长 50 ~ 60厘米
雪鸮很怕热！夏天请为雪鸮大人开空调！

猫头鹰的伙伴们

西仓鸮

纵纹腹小鸮

东美角鸮

长耳鸮

饲养方法

细节恕不奉告

饲养猛禽需要很大的决心，而且不是把它们关在笼子里养就可以的，饲养人要与它们心意相通，不能仅仅为了满足自己一时兴起的好奇心。

因此恕不奉告饲养的细节。

一定要负责到最后哦！

如果捡到猫头鹰的雏鸟应该怎么办

我们有时候会遇到从鸟巢掉下来的猫头鹰雏鸟。雏鸟可能只是从鸟巢起飞的时候不小心坠落到了地上，它的父母就在周围照看它们，而人类的贸然触碰会使它们休克。

雏鸟因受伤需要人类救助时，一定要先与动物保护机构联系。如果不知道联系什么机构，可以向警察求助。另外，只能在规定的期间内饲养救助的鸟儿，到期之后

必须放归，如果因为伤势未愈等原因无法放归，则必须通知相关机构。

如果带救助的鸟儿去看兽医，费用将由您承担。有些人会因为做了好事而开心地回家，也有些人一听说要付钱就开始抱怨。有些人把鸟儿送去看兽医，一段时间之后还想回去看看鸟儿治好了没有。听说这样的人还不在少数，但是这样做是不合规矩的哦。

　　水族馆会饲养并展出各种各样的动物，然而其中许多动物的饲养都着实不易。

　　我们希望向大家展示我们是如何长期饲养并展出这些动物的，并讲述饲养员为了让动物更多更好地繁殖，实现累代饲养而做出的努力。

　　饲养动物不仅仅是为了让人们观赏，开展科学研究也是我们的工作之一。

　　我们的另一项重要工作是向大家展现动物的奇妙之处和大自然的珍贵，所以我们一定会真诚地回答大家提出的各种问题。

　　大部分问题都是关于展出的动物或者来访者偶然捕捉到的动物，也有些人游览完水族馆后对饲养动物产生了兴趣，来找我们询问饲养方法的。

　　过年时收到的礼物、外出就餐或散步时的偶遇……你可能会在各种各样的场合偶然接触到海洋动物，也许你会被它们的魅力所吸引，不由自主地产生想要饲养它们的想法。

　　如果遇到了这种情况，请让我们这些专业人士为你介绍一些能够派上用场的知识和小窍门吧。

3

突然造访
家中的动物

辻晴仁　森泷丈也　高村直人

简介

　　隶属于鸟羽水族馆饲养研究部。
三位"奇妙动物研究所"的专业饲养员在饲养动物方面有很深的造诣。

伊势龙虾

吃掉之前先养几天，还会长大

过年的时候我们家收到了几只美味的伊势龙虾。龙虾活蹦乱跳的，任谁看了都忍不住想养一只。

这可不是心血来潮，而是必然会产生的想法！可是，我要怎么提出想饲养这种高级食材的"无理"要求呢……正当我绞尽脑汁思考如何说服家人的时候，妈妈和姐姐已经沉浸在对美味龙虾肉的幻想中了。焦急的我脱口而出："可以给我一只吗？"结果立即遭到了她们严厉的反对："什么？！为什么？""咱们一家四口要分三只，凭什么要单独留给你一只？"这下我只能直说了："其实，我想养一只龙虾。"这下遭到了妈妈和姐姐更强烈的反对："好啦，别在这儿捣乱了。"眼看话题就要结束，这时爸爸说："嗯，你这么一说还挺有意思的。这龙虾看着也挺精神，不如就养养看吧。"

"那剩下的两只就吃掉了。"妈妈和姐姐一听还有两只可以享用，也不再反对。

我终于得以留下一只。谢谢爸爸！这种紧急关头，跟对方好好谈判十分重要，要坦率地表露自己的心声，并且提出对对方有利的条件。还有，别忘了找到一位可靠的盟友。

小·档案

体长 30厘米左右
出没在浅海的暗礁上。白天隐藏在岩石缝隙中。

尾巴很有劲！

用手抓龙虾的方法。

摸到坑坑洼洼的地方可能会扎手，而且龙虾一跳一跳地挣扎起来也不好抓。所以应该捏住它们的身体两侧，这样就可以稳稳抓住它们了。

放在锯末中运输

▶ 运输方法

　　年末送礼的时候一般会把它们放在锯末中运输。虽说这种方法也可以维持龙虾的生命力，但现在物流条件更好了，有些商家会在运输时将龙虾放在海水中并注入氧气。买来饲养的龙虾推荐使用第二种方法进行运输！

运输时向水中注入氧气

这种方法可以更好地维持龙虾的状态！

为了方便运输经常会剪掉龙虾的腿，这不会影响饲养。

先跑一趟宠物店

　　得到饲养龙虾的许可之后，剩下的就是跟时间的较量了！不要忙着逗龙虾玩儿，先把它放在锯末里并放置在阴凉的地方，赶紧先去一趟宠物店买来人造海水和可以装海水的简单水槽套装，还有别忘了买躲避屋和水槽里铺的沙砾。配齐设备之后赶紧回去装好，并按照分量溶解人造海水注入水槽，开启过滤器。开启过滤器后需要放置一段时间等待水质稳定，同时将沙砾铺好并布置好躲避屋，最后在里面放入龙虾就大功告成啦！

观察嘴巴周围就能看出健康状况

　　如果龙虾放入水槽后马上就开始精神饱满地活动起来，就不用太担心。如果一直趴着不动，就仔细观察嘴巴周围，看它是否在动。如果确定它完全不动了，建议立刻捞出来煮熟吃掉。与其让它白白死掉，倒不如好好享用美味。如果发现它的嘴巴还在动的话，那就做好通宵看护的准备吧。恢复活力之后两天左右可以尝试喂食。如果龙虾没有反应，吃剩的饲料不要留在水槽里，要取出来。可以一天多试着投喂几次，龙虾开始吃东西就是可以饲养的信号。

这样饲养!

岩石
放入可供它们躲藏的大块岩石。

喂什么

　　可以投喂生鱼片或蛤蜊肉，偶尔可以喂丁香鱼之类的整条小鱼。需要连骨头一起喂食，以便龙虾摄取形成虾壳所需的钙元素。

龙虾喜欢藏起来，会藏在岩石后面。

注意事项

　　龙虾会逐渐长大，所以我们需要更换更大的水槽以适应它的生长。它们不太可能会逃跑，但受到惊吓会跳起来，所以要注意不要惊吓它。它们可能会啃坏取暖器，所以要记得给取暖器安装市场上售卖的取暖器盖板哦。

过滤器

外挂式过滤器可以
有效增大水槽内的
空间。

饲养温度

室温就可以。夏天
要将其放在凉爽的地方，
注意水温不要过高。冬
天时可能会因为动作迟
缓而久久不进食，所以
需要安装饲养专用的加
热器和恒温器，将水温
控制在20℃左右。

沙砾

水槽底部铺上沙砾，
方便龙虾爬行。

只要物流运输的情
况良好，龙虾很快就会
活跃起来，并找到躲避
屋躲起来。如果龙虾不
怎么动，也不会找到躲
避屋躲起来，一直没精
神的样子……

那就早点下决心吃掉它吧！

美味食谱详见下一页

龙虾大餐

美味小贴士！

如果龙虾失去了生命力，就尽情享用吧！
龙虾料理

市面上大部分作为食材售卖的海产动物都不适合饲养，我认为发现它们状态不好就应该趁新鲜尽快吃掉。

酱汁烤龙虾

将龙虾分成两半，撒上少许椒盐，用奶油、面粉和牛奶制成酱汁，浇上用蛋黄、白味噌和柚子胡椒制成的酱料后放入烤箱烤制，最后配上庭院采来的茴香即可。

蛋黄酱炒龙虾

将煮熟的龙虾剥开，用虾壳炖成高汤，在龙虾肉和芦笋中加入高汤、味噌和蛋黄酱翻炒。

龙虾米形意大利面

扇虾柠檬奶油意大利面

将大蒜、芦笋、辣椒、培根和扇虾炒好，洒入苦艾酒。加入意大利面、肉汤、鲜奶油、帕尔马干酪、胡椒和罗勒调味，最后挤入柠檬汁。

将西葫芦、洋葱和米形意大利面放入龙虾高汤中煮10分钟左右，等意面充分吸收鲜味后熬干水分，加入橄榄油和帕尔马干酪煎至金黄。

收到蝉虾

或者是九齿扇虾（琵琶虾）

你也知道该怎样饲养了！

蛤蜊

从超市里买回来的
也可以饲养

今天朋友要来我家做客，我决定为她做自己拿手的意大利面。于是我兴奋地来到了超市采购。哎呀！我发现了新鲜的蛤蜊。不管是做白葡萄酒蛤蜊意大利面，还是简单的白葡萄酒蒸蛤蜊都不错。我决定就买它了！

烹饪之前需要先将蛤蜊里面的沙子清理干净。将盐放在水中化成咸咸的盐水，再放入买来的蛤蜊。没过一会儿蛤蜊就开始呼呼地往外喷水。"好像没怎么见过这种情况啊。"我这样想着，在一边观察。

看，蛤蜊正在我随便兑的盐水中奋力地求生，露出了像舌头和眼睛一样的东西，虽然有点恶心，但它们还是活的！或许我可以先养一阵子？不行不行，蛤蜊什么时候都有卖的，不急这一时。还是朋友更要紧，她还期待着品尝我做的意大利面呢……

还是活的呢！

小·档案

体长 最长7厘米，一般3～5厘米
生活在盐分较低的沙泥海域水深5米以内的浅水中。春天开始生长，味道最鲜美。

一盘普通蛤蜊

尽量选择没有裂开的。

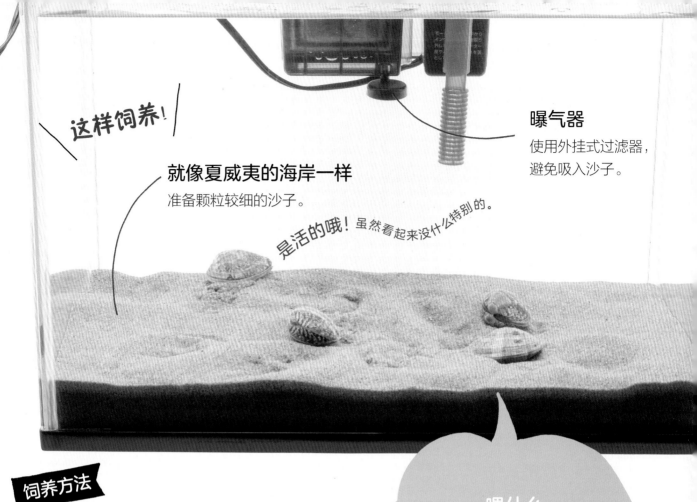

这样饲养！

就像夏威夷的海岸一样
准备颗粒较细的沙子。

曝气器
使用外挂式过滤器，避免吸入沙子。

是活的哦！虽然看起来没什么特别的。

饲养方法

虽然春天的蛤蜊最好吃，但是……

最好先准备好水槽再去买新鲜的蛤蜊，所以让我们把"今天吃蛤蜊意大利面怎么样？"这样的念头放在一边，在购买蛤蜊之前先配置好水槽。准备人造海水，适用海水的水槽套装和颗粒较细的沙子。将人造海水按比例溶解在水中并开启过滤器，在水槽底部铺入厚4～6厘米的洗净的沙子，以便蛤蜊潜入。就这样运行一晚上，等水变清澈后再放入蛤蜊。

喂什么

把金鱼鱼食之类的磨成粉溶于水中。天黑之前将饲料放入水槽中，放入饲料后关闭过滤器，只进行曝气。第二天早上蛤蜊吸收完饲料，水恢复清澈之后再开启过滤器。饲料一周左右投喂一次。投喂的饲料分量根据蛤蜊吸收的情况而定，要仔细观察。

蛤蜊大餐

美味小贴士！

蛤蜊料理

从超市买回来准备饲养的蛤蜊，如果状态不佳，请马上吃掉。

蛤蜊竹笋意大利面

在加入白葡萄酒蒸过的蛤蜊和竹笋中放入煮熟的意大利面和小西红柿，搅拌均匀后放入三叶菜装饰即可。

白葡萄酒蒸蛤蜊豌豆

用黄油快速翻炒大蒜和姜末，放入豌豆和蛤蜊，加入白葡萄酒蒸熟，最后再放少许黄油。撒上胡椒盐调味，放上莳萝装饰就完成了。

竹荚鱼与海螺

在水箱中游来游去的活鱼也可以当宠物养

今天和家人一起来日料店吃新鲜的鱼了！门口有个大鱼缸，里面有鱼在游来游去，竹荚鱼和海螺看起来都很好吃。我们来到里边的日式房间，和家人一起看菜单的时候，我突然发现那个一直兴奋地吵着要吃寿司的儿子不见了。

"是去洗手间了吗？"我正要去找他，就看见他正入迷地看着鱼缸里的竹荚鱼。

我悄悄走过去说："看起来真好吃呀。"他说："嗯，确实是……"

接着他又说："不过比起吃掉，我更想在家养一只。"

哎呀，为了可爱的儿子，我们就养一只吧……

饲养方法

运输方法很重要

海水需要准备人造海水，或者从日料店的鱼缸里多舀一些水。水槽最好使用适应海水的水槽套装，先准备好海水并开启过滤器。不需要在水槽里铺砂石。

把鱼带回家的时候可以借用日料店从市场采购海产时使用的泡沫塑料箱和塑料袋。把鱼和海水放入塑料袋后再放入一些空气，最后用橡皮筋扎紧。注意不要让水温升高。

※从鱼缸里捞鱼并舀水之前，请先征得店家同意。

外挂式过滤器

喂什么

竹荚鱼需要每天投喂生鱼片和虾干鱼饲料。海螺喜欢吃海藻，可以先放一些市场上卖的海带之类的观察情况。水族馆里的海螺是"清洁工"，会吃掉水槽里长出来的藻类，所以不需要另外投喂。

小·档案

竹荚鱼
体长　全长30厘米左右
全年可见，春夏是品尝的最佳时期。

海螺
体长　海螺壳大概长10厘米左右
市场上全年可见，春季为最佳时期。

空荡荡的
水槽里不需要放别的东西。

这样饲养！

海水水槽的使用注意事项

人造海水

如果附近方便收集海水，就使用海水。不方便收集海水就用人造海水。人造海水的生产厂家没有限制，但购买前需要问清楚是否适合无脊椎动物使用。请将饲养的动物告诉宠物店的店员，根据店员的推荐购买。回家后按比例溶解于水后使用。

过滤

每个水槽都安装了过滤器，过滤面积越大越好。过滤面积越大，就越不用担心水质会急剧恶化，还能降低换水的频率。本书中每个水槽只安装了一个过滤器，如果外挂式过滤器和投入式过滤器一起使用效果更好。

换水

在家里自己测pH值、检测水质很难，需要通过观察生物的样子、水的气味和浑浊程度等来判断，习惯了就容易了。如果是第一次养动物不好判断的情况，可以从三个星期换一次水开始，每次换三分之一到一半左右的量，之后可以看情况随机应变。

盐分

饲养一段时间后，随着水分蒸发，水位会下降，盐分浓度会逐渐增加。可以做好记号记录水面高度，注入除氯后的淡水补足蒸发的部分。必要时可以使用密度计测量密度，注意浓度要与标准值保持一致。

水温

除了需要在冰箱里饲养的动物，其他动物都可以在室温下饲养，但夏天注意不要把它们放在太热的地方。可以把水槽放在朝北背阴的房间或玄关等温度不会过高的地方，或者放在经常开空调的客厅里。如果这样温度还是太高的话，用风扇对着水面吹风可以稍微降低水温。

喂食

对于初学者来说，最难的是投喂。即便是同一种动物，根据个体的差异，食量也会有所不同。另外，不同的日子、不同的身体状态下食量也会有所变化。基本上是一天喂一次，吃剩的饲料要在30分钟后取出，如果觉得动物没吃饱，不要增加单次投喂的分量，而是要增加投喂的次数。如果动物不怎么吃东西也没关系，不要勉强它们。不论是哪种动物，几天不吃东西都不会影响健康的。

章鱼

头脑聪明，眼睛雪亮！
还会模仿人的动作

这样饲养！

小心逃走
要用绑带或胶带固定住盖子，防止章鱼逃走。

准备一个住处
用贝壳之类的给它们准备一个藏身之处。

投入式过滤器

小·档案

体长 30 ~ 60厘米 经常出没在浅海岩石的缝隙中。

那 条沿海的散步道是我家爱犬"大马士革"（一只蓝色贝灵顿梗犬）最喜欢的散步路线。休息日的时候带着折叠椅和书籍去那里散步，是我和可爱的大马士革一起度过的最完美的时光。

今天的潮水退得很厉害，"去海边玩吧，大马士革。"我开始悠闲地阅读起黑暗幻想小说。

汪汪。

呜~汪汪汪。

汪汪汪。

怎么回事？喜欢游泳而且一向很温顺的大马士革突然狂吠不止。发生什么事了？我急忙前去查看，只见退潮后留下的水坑里躺着一只咖啡罐。大马士革对着那只小小的罐子叫个不停。我觉得很奇怪，就拿起罐子往里面看了一眼。

哎呀，吓了我一跳！里面有一双小眼睛，还一直在盯着我。啊，原来是一只小小的八爪鱼呀！好可爱……我们家刚好有一个塑料盒。太棒了！

我把用来冲洗狗尿的1.5升瓶装水倒掉灌入海水，又捡了几个贝壳装进用来收集狗狗粪便的塑料袋里，最后把咖啡罐里的水倒出来一点，并用手帕塞住了瓶口，这样就万无一失了。小章鱼，跟我回家吧！

非常聪明

如果章鱼看到你是怎么拧开瓶盖的，它会悄悄记住，下次会学着你的样子自己拧开瓶盖哦。

喂什么

每天投喂生鱼片和蛤蜊肉。吃剩的饲料应立即取出。和其他动物一样，章鱼可以在室温下饲养，但夏天需要注意避免温度过高。

饲养方法

章鱼的头脑很聪明

如果不是住在海边，用人造海水就足够了。在塑料盒里注入海水（或者人造海水），安装一个稍微大一点的投入式过滤器，过滤面积越大越好，再放入便于它们藏身的岩石和贝壳，最后放入章鱼。章鱼很聪明，很可能会自己打开盖子。它们可是逃跑大师，所以要用绑带或胶带将盖子固定好。

被咬伤会很痛！

尖锐的牙齿很危险！

小心章鱼咬人

章鱼的爪子根部（中央部分）长着足以咬碎坚硬贝壳的牙齿。即使被小章鱼咬了也会很痛，大章鱼可能会直接把手指咬断造成重伤，所以千万要小心。

章鱼大餐

美味小贴士！

章鱼料理

如果发现章鱼离开藏身之处，爪子伸直，身体懒洋洋的，或者戳它也没什么反应，就立刻捞出来准备吃掉吧。

章鱼饭

章鱼肉加入生姜、高汤和酱油快速焯水。洗净的米稍微沥干水分，加入章鱼和高汤一起蒸熟。最后放上紫苏叶就可以了。

油炸章鱼和鲣鱼块

章鱼和鲣鱼肉加入酱油和料酒腌制后，裹上面粉下锅油炸。

海星

看上去就像画一样，好开心

今天我又带爱犬"大马士革"到海边散步了。上次捡回家的章鱼状态很不错。这家伙牢牢记住了我每次投喂之前都会先敲敲盖子，后来我一咚咚咚敲盖子，它就会从"家里"爬出来，迫不及待地试图打开盖子："喂，快快将佳肴呈上！"真是太可爱了。

那么，今天又会有什么有趣的邂逅呢？我正这样想着，忽然看到一群孩子正围着什么东西玩儿，好像是个圆盘一样的东西，正被他们丢来丢去。

"你们干什么呢？"我问道。"星星掉下来了，我们想把它丢回去还给天空。"一个小孩儿说。另一个俏皮地说："不对不对，明明是有人丢了一只手。这可是个大案子，我正调查它是不是还活着呢。"

"喂喂，这是海星，是一种海洋动物……"我的话还没说完，就被孩子们打断了："知道知道！我们又不是傻瓜，多管闲事的大叔。"小孩们说完就逃走了。

我喊道："不许欺负小动物，你们这些熊孩子！你们会受到惩罚的！"真是太不像话了。那天我回家之前，把海星悄悄地放回了退潮后的水洼里。当天晚上，我被咚咚的敲门声惊醒，连忙从被窝里爬了出来。一开门，只见一只海星站在门外。

"多谢您白天帮我脱困，我是来报恩的。如果有能帮上忙的地方，请您千万不要客气。"我说："倒也没什么事情需要帮忙。"说完关上了门。随后，我就从梦里醒了过来。难道这就是海星的报恩吗？

在章鱼旁边添一个水槽养只海星吧……明天就去带它回家。

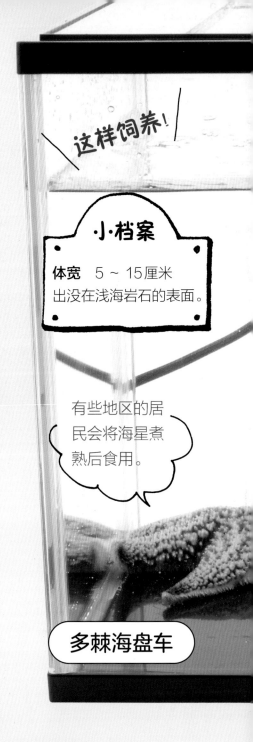

这样饲养！

小·档案

体宽 5~15厘米
出没在浅海岩石的表面。

有些地区的居民会将海星煮熟后食用。

多棘海盘车

饲养方法

过于简单

海星像鱼一样不需要铺沙子，简单地在水槽里注入海水（或者人造海水），开启过滤器就可以饲养了。当然也可以铺上沙砾，布置好岩石，不过海星喜欢水槽的玻璃，经常在玻璃上爬来爬去。

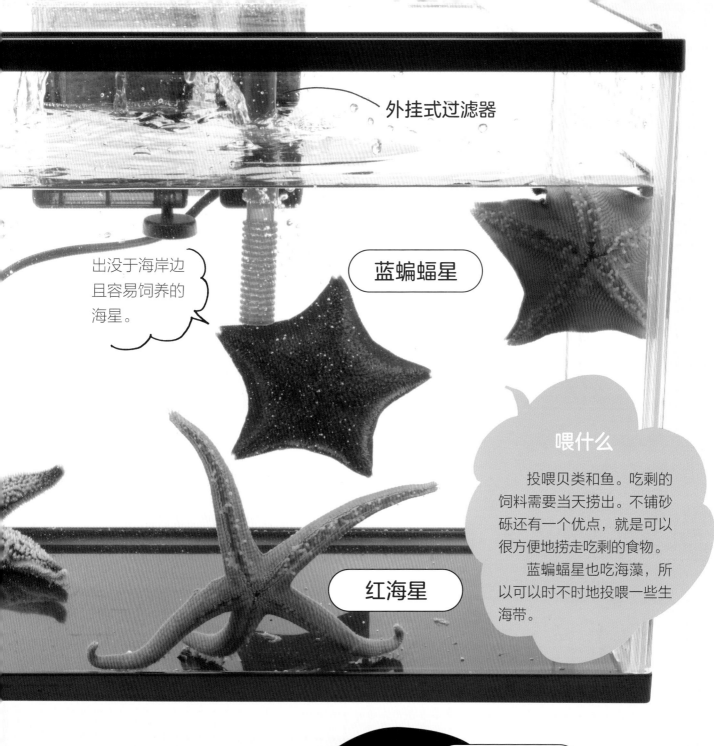

外挂式过滤器

出没于海岸边且容易饲养的海星。

蓝蝙蝠星

喂什么

投喂贝类和鱼。吃剩的饲料需要当天捞出。不铺砂砾还有一个优点，就是可以很方便地捞走吃剩的食物。

蓝蝙蝠星也吃海藻，所以可以时不时地投喂一些生海带。

红海星

海星图鉴

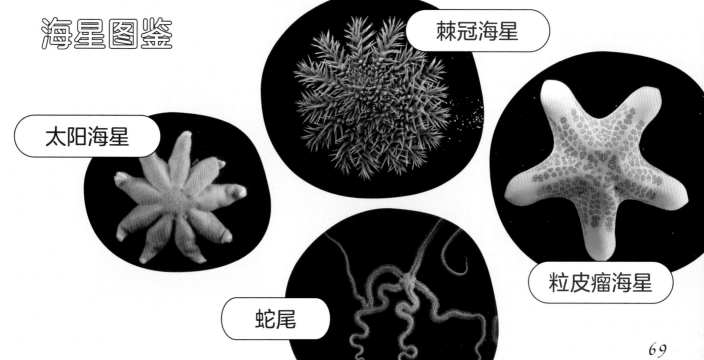

棘冠海星

太阳海星

粒皮瘤海星

蛇尾

海葵

用玻璃杯就能饲养，生命力顽强

之前捡的章鱼和海星都被我养得很好。今天我又带着爱犬"大马士革"，一起去海边散步了！刚好还可以灌点海水回来给水槽换水。顺便再捡点天然岩石放进水槽里！我去的还是平常去的海岸，今天为了打海水特意选择了涨潮之后的时间，所以没遇上那帮熊孩子。

我在涨潮后的水洼边灌着海水，一边寻找适合放在水槽里的岩石。"咦？平时都是陆地的地方现在会有什么呢？"说着我便用手指在水中探了探，果然有什么东西缩回去了！

这不是海葵吗！原来这个海滩上有海葵呀。我仔细一看，很多海葵在岩石缝隙的沙坑里摇摆，而且刚好还攀附在我正准备收集带回家的小石块上呢！

哦，天哪。把这海葵也带回家吧……

小·档案

身体高度　2～4厘米
出没在潮间带上部。

外挂式过滤器

这样饲养！

不喜欢水流的话会自己移开。

自己抓取食物

可以养在玻璃瓶里

　　海葵耐高温，而且可以在缺氧的环境中生存，即使不用过滤器，只要定期换水，用玻璃瓶也可以饲养一整个夏天。如果想长时间饲养，需要在水槽里注入海水（或者人造海水），铺上沙砾，再放入岩石。如果海葵不喜欢水流或岩石的位置，它会自己寻找并移动到喜欢的地方。把它放入水槽之后，每天观察它出现的位置会很有意思。因为水槽里没有潮水涨落那样剧烈的水流，它们无法去掉身体表面缠着的黏膜，所以需要我们时不时地帮它剥掉。

注意事项

　　不要强行将攀附在岩石上的海葵剥下来，这样会弄碎它们的身体。先找一块大小可以带回家的岩石，将岩石连上面的海葵一起带回家就好。

海葵是个不错的合作伙伴

喂什么

　　将生鱼片或蛤蜊肉切成5毫米左右的小块，用镊子夹住送到靠近它们触手的地方，海葵会自己抓取食物。

岩石上攀附着许多海葵。

拳击蟹和海葵

　　海葵触手的毒液在大海里远近闻名。所以有些品种的寄居蟹和螃蟹喜欢跟海葵一起生活。

突然造访家中
的动物之

水母

贴上黑色背景，营造梦幻氛围

小·档案

伞状体直径
10厘米左右

伞状体一张一合
地游来游去。

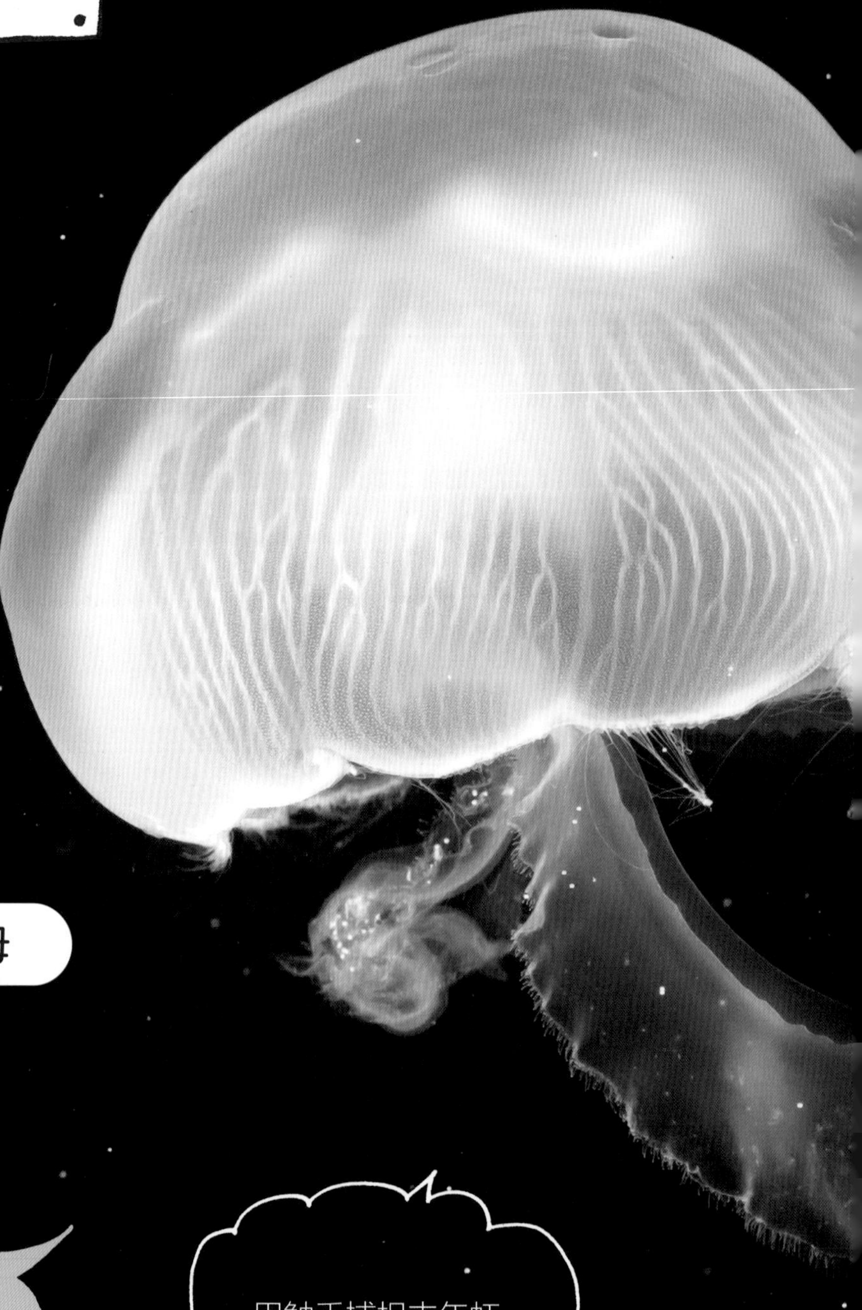

海月水母

喂什么

饲料是一种叫"丰年虾"的小动物。可以从出售海水鱼的宠物店里购买丰年虾的卵，用温热的海水孵化。用玻璃吸管将丰年虾放到水母的伞下，水母就会用触手捕捉它们食用。

用触手捕捉丰年虾。

一　开始我还酷酷地装作对水族馆不是很感兴趣的样子，在女儿的催促下带她来到了水族馆。在这里与水母相遇之后，我就无法移开视线了。

许多水母漂浮在水中，自由地张合伞状体游来游去。即使互相碰撞在一起，彼此也毫不在意。真想给街上那些肩膀撞到一起就翻脸吵架的大叔们看看。

哎呀，有几个家伙的触手缠在了一起，真有趣呀。

漂浮在水槽里的水母太治愈了，我可以在这里看几个小时。"我们也去那边看看吧！"我听见女儿的声音，装作很累的样子，不愿从水母面前离开，这时却传来了令人扫兴的消息——是通知闭馆的广播。

没办法，这下只能带她回家了……带她回家……带它回家……对呀，如果能在家里养水母，不就每天都能被治愈了吗！真的可以在家养水母吗？

饲养方法

游泳能力较弱，需要制造水流

所有水母的游泳能力都很弱，如果没有水流，它们就会沉到水底。需要用水泵制造水流。但是一旦空气进入水母的伞状体就会在上面钻出一个洞，所以要使用不会往水中排出空气的过滤器。也不能使用会搅动水面的过滤器或投入式过滤器，当然也不可以曝气。水温维持室温就可以，但要把水槽放在温度不会过高的地方。

贴上背景

贴上黑色背景方便观察。

这样饲养！

触手有毒，要小心！

不会将空气排入水中的外置过滤器。

73

珍珠水母

其他的水母也
可以用同样的
方法饲养。

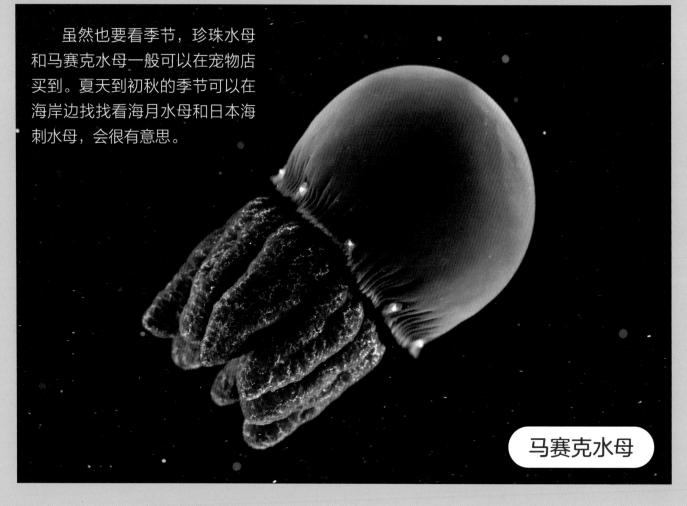

虽然也要看季节，珍珠水母
和马赛克水母一般可以在宠物店
买到。夏天到初秋的季节可以在
海岸边找找看海月水母和日本海
刺水母，会很有意思。

马赛克水母

兜水母

抓取方法

倒过来拿就可以了！

水母的触手有毒，但是可以把它倒过来，握住伞状体的部分。

※触手很长的水母不能用这种方法！

海牛

简直像个艺术品！

但是饲料很难收集……

水母的魅力深深地吸引了我，为了看水母又来到了水族馆。这次我在一个小小的水槽里发现了海牛！啊！海牛真是太可爱了。它们色彩斑斓，身上长着一簇一簇的东西。我目不转睛地盯着在玻璃上爬动的海牛一直爬行到水面。真是怎么看都看不厌！

小·档案

体长　2～10厘米

出没在生长着海藻、水螅、海绵动物的浅海岩石上。

肛门在次生鳃的中间。

触角是感知气味的器官。

能看出来脸在哪里吗？

用腹足趴着走路。

海牛图鉴

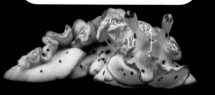

皮片鳃黑斑海牛

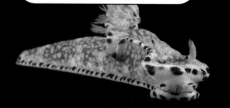

对翼多彩海蛞蝓

蓝无壳侧鳃

76

外挂式过滤器

海水中的岩石
放入从海边中捡来的岩石有利于稳定水质。

喂什么

收集食物才是最大的问题……海牛的种类不同,吃的东西也有所不同,收集起来比较困难。海牛以岸边岩石上附着的海绵动物、水螅和苔藓虫为食,所以定期更换水槽中的岩石是最理想的。如果无法顺利收集到食物,海牛会把身体缩小,但不用担心它们会饿死。因为不论喂食与否,都不会对饲养的海牛寿命产生太大影响。

饲养方法

不可思议的视觉享受

往水槽里注入人造海水,水底铺上一层薄薄的沙砾,开启过滤器。一边将海水慢慢倒进准备好的水槽里,一边将海牛放进去。可以在海边捡一些岩石放入水槽中。这样就可以开始饲养了。

尾脊卷毛海牛　　盘海牛　　石磺海牛

日本馒头蟹

仔细看看真的很可爱！
虽然看起来像一个盒子

小·档案

蟹壳　长5～8厘米
出没在水深10～70米
处的沙子里。

什么都不需要

不需要特别的设备就可以饲养，
也可以铺上沙子让它们钻进去。

这样饲养！

空荡荡的

逍遥馒头蟹

喂什么
蛤蜊或丁香鱼。

养 螃蟹可是男人的浪漫。饲养巨螯蟹或深海蟹不太现实，不过，汉氏泽蟹或肉球近方蟹之类的又太普通了。

正烦恼着，我发现了一种名叫日本馒头蟹的长得像盒子一样的螃蟹……

我们相识于两年前，它那帅气的英姿令我一见钟情。

从那之后，我就到处寻找展出日本馒头蟹的水族馆前去观赏……但后来我发现，原来自己也可以在家养。

外挂式过滤器

卷折馒头蟹

饲养方法

铺上沙子的话它们会钻进沙子里，只露出眼睛

与水陆两生的螃蟹不同，日本馒头蟹完全在水中生活，将它们放入较深的水中，开启过滤器就可以开始饲养了。为了方便取出残留的食物，水槽中不铺沙子。但是这种螃蟹本来就喜欢钻进沙子里，可以铺上厚厚的沙子，观察它们钻在沙子里面的样子。它们会把整个身体都埋进去，只露出眼睛，非常可爱。

钻进沙子里也很容易被发现的眼睛。

啊！好害羞……

用钳子蒙住脸，看起来就像一个盒子。

巨螯蟹的幼崽

球栗蟹

在水族馆看到的

珍奇

扁蛛蟹

德汉劳绵蟹

斑马蟹

四齿矶蟹

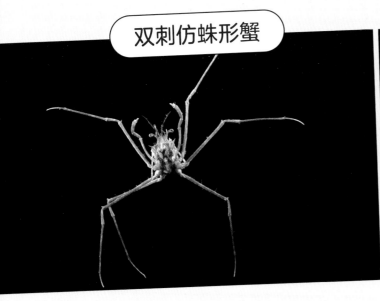

双刺仿蛛形蟹

花纹爱洁蟹

有趣的名字

螃蟹图鉴

饲养冷水蟹有点困难，不过如果有机会的话，我全都想养！

钝额曲毛蟹

亚齿爱洁蟹

咦?

鸭额玉蟹

拳击蟹

是人脸!?

冰海天使

来自北极南极的
『冰海小精灵』！

我 太喜欢冰海天使了。有一天我在网上搜索了一下"冰海天使"，就出现了大量漂亮的图片。我很开心，就不停地点击链接看冰海天使的照片。当我看得心满意足的时候，突发奇想地搜索了一下"饲养冰海天使"几个字。这不是有饲养方法的介绍吗。

我十分震惊，居然有人养这种动物！

用翼足游泳。

从这里伸出触手捕食。

小·档案

体长　1～3厘米
出现在寒流表层前后
200米左右。

储存的海水也一起放冰箱里

用来换水的海水也一起冷却。

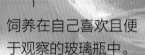
这样饲养!

饲养方法

饲养方法其实很简单

饲养方法很简单。把它们和海水一起倒进瓶子里直接放进冰箱，时不时地观察一下就行了。水温最好控制在2℃左右，调高冰箱的制冷效力，用来换水的海水灌进塑料瓶中一起放入冰箱。不需要曝气，可以按自己的心意安排换水时间。

饲养在自己喜欢且便于观察的玻璃瓶中。

喂什么

饲料是一种叫海蝴蝶蜗牛的贝类。但是很难买到。冰海天使可以连续几个月不怎么吃东西，饥饿时胃部呈橙色，身体会变小一点。

喂什么

投喂磷虾和蛤蜊肉。吃剩的食物要马上取出来。

首颈刺铠虾

用饲养冰海天使的方法，同样可以饲养其他的冷水海洋动物。

首颈刺铠虾一般作为食材使用。与冰海天使相比它的食量更大，而且喜欢运动，所以要充分曝气，频繁换水。可以把它装进一个大瓶子里，并安装一个投入式过滤器。

把空气泵放在冰箱外面会把温度较高的空气抽进来，所以要把空气泵也放在冰箱里。

宠物店简直就是一个儿童咨询室。

从如何养金鱼到如何养山羊和猪，从在外面抓到的虫子到奇怪的长腿虫子，我每天都在不停地回答诸如此类的问题，教孩子们应该如何饲养各种各样的动物。

因为我自己也饲养着各种动物，而且我还是这家宠物店的老板，所以无论你提出什么问题，我都会从积累的饲养经验中调出相应的数据和实践经验，为你出谋划策。

比如从庙会上买回小动物的时候，孩子从外面捉回来一只小动物的时候，想饲养从电视上看到的某种动物的时候，当朋友问想不想养一只他们家刚出生的宠物宝宝的时候……

我们会在不同场合邂逅小动物，请不要轻易放弃饲养它们的机会，可以先来找我咨询。我会为你推荐性价比最高的饲养设备，教你对小动物友好的饲养方法。

宠物店老板后藤先生
的饲养方法

朋友送的
小动物

后藤贵浩简介

日本岩手县花卷市人。在建材市
场里经营着一家宠物店，还经常去稻
田里观察动物。

仓鼠

简直就像毛绒玩具

孩子从学校回来后无精打采的。发生了什么不愉快的事吗？我有点担心，就问她是怎么回事。她说朋友家养的仓鼠生了宝宝，今天和4个好朋友一起去他家里看了小仓鼠。然后朋友问他们要不要每人领养一只。

女儿虽然不太擅长跟动物打交道，但她好像也想养一只。这有什么可担心的？当然可以养啦。

现实情况可能并没有这么简单。因为并非所有父母都这么通情达理，反而是父母反对的情况更多。保险起见，我们需要先想一下怎么劝说父母。首先，下面这样的话是绝对不能奏效的。

"就养这一次。"

"别人都要养，我也要。"

"我保证自己照顾它。"

"我肯定好好学习。"

"我要是考试考好了可以养吗？"

没错！不要说别人都养这种话，也不要说一堆无法兑现的诺言。别绕弯子，要把想养仓鼠的决心直截了当地告诉父母。

比如，可以向他们介绍仓鼠是种怎样的生物，寿命有多长，

小·档案

体长 15厘米左右
还有体型较大的黄金仓鼠和体型较小的侏儒仓鼠。

很像妈妈。

厕所是在这里吗？

喂什么

一般会喂向日葵瓜子。为了保持营养均衡，推荐投喂仓鼠营养饲料。

可爱的脸！

饲料吃什么，开始饲养需要多少钱。然后还有必要告诉父母什么时候需要他们帮忙，比如自己去研学旅行的时候，需要拜托父母给仓鼠喂食。还要向父母一一说明饲养仓鼠的好处和不便之处。

只要孩子认真地说清楚这些情况，相信没有父母会不同意饲养！

饮水瓶
仔细检查是否能顺畅出水。

这样饲养！

跑轮
会发出很大的噪声，所以一定要买静音的。

隐蔽的住处

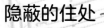

饲养方法

使用饲养套装

怕热~

怕冷，更怕热。

虽然可以用塑料盒或玻璃水槽来饲养，但对于第一次养小动物的人来说，我推荐使用仓鼠的饲养套装。因为这个套装包括了所有需要的工具，而且价格便宜。按照说明书组装好，放入盛水和盛饲料的容器、仓鼠跑轮，设置一个隐蔽的住处，在地板上撒上木屑，开始饲养时有这一套就够了。如果仓鼠长大了可能需要换新的设备。

仓鼠最好放在客厅饲养，因为方便全家人随时照顾，而且这里也冬暖夏凉。

冬天仅有这些设备会很冷，所以要在下面垫上加热器。如果因为季节和饲养环境的变化，有任何疑问请马上咨询购买饲养套装的宠物店。

朋友送的小动物之

豚鼠

除 了仓鼠，宠物豚鼠也很容易繁殖，所以说不定你会收到朋友家新添的豚鼠宝宝呢。来提前了解一下怎么养豚鼠吧。

喂什么

投喂豚鼠专用的饲料。缺乏维生素会影响身体健康。

放饲料的容器

不容易打翻的较重的容器。

饲养方法

利用闲置的衣物收纳箱

盒子有30厘米的高度就不用担心豚鼠会逃出来，所以即便没有昂贵的饲养笼，也可以用衣物收纳箱来饲养。盒子里放入一般用于处理兔子便溺的木屑，再放入盛水和饲料的容器。在盒子的另一侧铺上牧草，覆盖1/3左右的面积。平时不用盖盖子，夜晚或者出门的时候不放心的话可以在盖子上用钻开一些洞，或者用烧烤网做一个盖子。沾上尿液或者粪便的木屑要及时清理掉。

木屑

放入牧草

高30厘米

30厘米的高度，豚鼠就不容易跑出来了。

这样饲养！

可以用高度30厘米左右的衣物收纳箱来饲养

用叫声互相呼唤。它们有十几种语言。

小·档案

体长 30厘米左右
原本是来自南美洲的家畜。

最近，花枝鼠特别受欢迎。其实从十几年前开始就有人养花枝鼠了。可能是因为外表普通吧，当初并没有很流行。但最近经常能在宠物店和建材市场的宠物区见到它们的身影，成了广受欢迎的爱宠。应该是它们温顺又亲人的性格，还有容易繁殖的优点俘获了人们的心吧。不过由于它们外表普通，有时候家人会无法理解为什么要养它。

如果你想养花枝鼠，可以通过展示它们可爱的性格来说服家人。先让他们跟花枝鼠接触一下吧。请咨询宠物店的店员，让他们帮忙挑选一只最乖的花枝鼠吧。

花枝鼠

牙齿发黄说明身体健康，牙齿发白反而是生病了

这样饲养！

花枝鼠可以通过叫声进行交流。

虽然外表很普通，但是运动起来很帅气
它们居住在山地岩石上，所以非常擅长攀爬。

比较高的笼子
高度较高并且很结实。

注意观察牙齿
牙齿发黄说明身体健康，发白可能是生病了。

喂什么
投喂花枝鼠专用饲料（如果买不到，也可以用豚鼠饲料代替）和牧草。

饲养方法

并不普通哦，其实人气很高

稍微高一点的鸡笼最适合养花枝鼠。如果用养兔子的饲养笼，花枝鼠可能会从笼子的缝隙逃走。而且对于活动空间较大的花枝鼠来说，鸟笼和仓鼠笼子则又太小了。必备物品有盛放饲料和水的容器，还有方便它们攀爬活动的攀爬架。

准备好这些设备就可以开始饲养了，它们适应饲养环境之后可以再放入跑轮和木制小屋。因为入口的门有时会打开，所以要用金属挂钩关紧。

花枝鼠几乎没有味道，但是偶尔会有粪尿掉到笼子底部，需要每天更换笼子下面垫的报纸。

小档案

体长 20厘米左右
生活在智利的山区。

刺猬

把刺收起来的时候
就像一只小老鼠……

有一次，我和在宠物店工作的朋友一起进山捉虫。因为他之前把长靴忘在店里了，我们就顺便去店里取了一下。几个小时后我们开进山里。停车后他正要换上长靴时，突然大叫一声！

"怎么了？"我急忙看向坐在副驾驶上的他。

"靴子里有东西，扎到了我的脚！"

这下糟了，还是先去医院吧。

等等，去医院之前还是要先确认一下是什么东西扎的。

于是我说："你来叫救护车，我帮你看看是什么东西。"

我提心吊胆地向长靴里望去……

"等一下！先别叫救护车。原来长靴里有一只刺猬……快看看脚肿没肿！"

话说回来，这只刺猬还挺可爱的。我可以带回家吗？

会团成一团保护自己!

脸很可爱，但是被刺扎到会很痛!

小·档案

体长 25厘米左右
喜欢挖洞做窝。

这样饲养！

喂什么

投喂刺猬专用饲料和面包虫。实在买不到的话可以用狗粮代替。

面板式加热器

冬天不进行保暖的话，刺猬就会冬眠。

饲养方法

没有跑轮和躲避屋也可以

在大一点的塑料盒里铺上木屑，放入盛水和饲料的容器，塑料盒下面垫上面板加热器。也可以放入跑轮和躲避屋，但是容易被粪尿弄脏，所以不放也没关系。粪尿的气味很重，要经常清洗，保持清洁。

铺地材料

使用的是被刺猬不小心吃掉也不会造成危害的材料。

刺猬贪玩可能会把容器弄翻

往容器里倒入足够的水，尽量靠边，防止被弄翻。

背上的刺没有立起来的时候不扎手。

背影像个洗碗刷？！

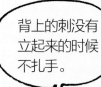

金鱼

玩捞金鱼的小游戏，捞上来一条金鱼

庙会上最大的乐趣就是品尝美食和捞金鱼。一开始捞金鱼就停不下来了。虽然我的技术并不是很好，每次也就能捞上来两三条吧。当然用的不是那种糯米纸，用那个我可捞不上来。还是用以前那种纸做的网来捞最好。在社区办的那种小型庙会上捞金鱼一点也不过瘾，因为纸太结实了，一不小心就捞多了。还是挑战那些"黑店"更有意思，用那种令人忍不住怀疑"用这个真的捞得上来吗"的薄如蝉翼的纸网。只是想象一下，我的手就要跃跃欲试了。要说我是捞金鱼上瘾也毫不过分。可是就算捞上来我也养不好，所以经常会分给附近的孩子们。

这次我又试着捞金鱼了……可是纸太容易破了，最后一条也没捞到，但是因为我捞了三次，所以最后老板给了我三条。"明明在学校和社区办的庙会上能捞到好几条呢……"我正懊恼着的时候，刚才在旁边捞金鱼的叔叔追了上来，对我说："这个给你哦。"说着便给了我三条金鱼。"叔叔你也捞了三次吗？""不是哦，三条全是我捞上来的呢。""是吗？叔叔你真厉害！谢谢你！"

小·档案

体长 5～15厘米
据说是由鲫鱼改良的品种。

吃什么

每天投喂市场上售卖的金鱼鱼食，撒入几分钟之内可以吃完的量即可。

过滤器

保持水质清洁的同时还有供氧的作用。

这样饲养！

可以当饲料

水草也能当饲料。

放入沙砾有利于让水中菌群稳定下来。

饲养方法

一起来救治金鱼

一般捞上来的金鱼体质都比较虚弱，这是常识。因为那么小的金鱼生活在很恶劣的环境里，被人们用网堵来堵去，体表黏膜被破坏得很厉害，伤痕累累……

但是只要在开始饲养之前下点功夫，就能救治很多金鱼。我们不仅要"捞金鱼"，还要"救金鱼"。首先要在桶里装满水，放入除氯剂中和掉水中的氯。再放入一把盐进行曝气（图1）。

将金鱼放在塑料袋里，再把塑料袋整个放进水桶中，让金鱼适应水温（图2）。等盐溶化后再一点一点地把塑料袋里的水放进桶里，同时让金鱼游入水桶中（图3）。就这样放置一天一夜……

同时准备好饲养用的水槽，最好用市面上售卖的金鱼饲养套装。在水槽里装上过滤器，铺上沙砾并灌满水，放入除氯剂后再种上水草。水草可以当作金鱼的食物和藏身之处，刚开始饲养的时候放入水草还有利于金鱼适应环境。第二天，再把金鱼重新装进捞金鱼时给的塑料袋里，然后将袋子漂浮在水槽里，等金鱼适应水温后慢慢把水倒入水槽并把金鱼也放进去。

如果水槽中没有吃剩的食物，一个月换一次水就可以。平时记得清理过滤器。

克氏原螯虾（小龙虾）

小时候大家都养过，是孩子们的最爱

小·档案

体长 7 ~ 10厘米

经常出现在水流较缓的河流和稻田里。

"小龙虾"是孩子们的最爱。就连那些在自己印象中没怎么养过动物的人，应该也有养过小龙虾的经历吧。

这种我们从小就很熟悉的生物竟然是外来物种，而且我做梦也没想到有一天它甚至还被冠上了害虫的恶名。只记得小时候天真地在田地和沼泽地里跑来跑去，只为捉到一只个头大点的小龙虾。我并没有养过很多动物，现在也对饲养动物完全不感兴趣。我虽然已经从在田地里捉小龙虾的孩子长成了一个成年人，但偶然路过宠物店，看到很大的小龙虾时，还是忍不住想买。

说起来，我家孩子好像从来不主动说想饲养动物，这样真的没问题吗？要不把这只小龙虾买回去，跟孩子一起试着养养吧。

喂什么

投喂市面上售卖的小龙虾饲料、生鱼片或金鱼饲料、土豆等，各种食物它们都吃。按它们的食量投喂，如果有吃剩的要马上取出来。

饲养方法

小龙虾数量太多的话会互相打架

为了方便小龙虾爬行，在大塑料盒里铺上沙砾，并放入投入式过滤器和躲避屋。和鱼一样，饲养小龙虾需要使用除氯的水。放进饲养箱的小龙虾数量太多的话，它们会立刻开始打架，所以要注意控制数量。

生鱼片之类的会弄脏水，所以要勤换水。换水频率根据具体情况安排，不过即使开了过滤器也要10天左右换一次水。

这样饲养！

投入式过滤器　　躲避屋

撒入落叶营造氛围感。

这样饲养！

泽蟹

令人回忆起儿时的动物

饲养方法

怀旧情结才是最棒的

在塑料盒中铺上沙砾，放入投入式过滤器并用石块将过滤器围住，形成躲避屋和"陆地"。注意要把小石块稳稳放在大石块上面，小心倒塌。撒入一些落叶营造氛围感。要勤换水，如果产生异味则需要清洗过滤器和沙砾。清洗时用自来水就可以，但饲养泽蟹的水需要除氯。

喂什么

泽蟹是杂食性动物，食物以市面上售卖的螃蟹和小龙虾饲料为主，也可以投喂金鱼鱼食、生鱼片和卷心菜。可以投喂各种不同的食物，观察它喜欢吃什么也是一种乐趣。

在餐厅吃料理的时候，我看到一只油炸泽蟹孤零零地卧在盘子的一角，忽然产生了一种不可思议的奇妙感觉。回程的车上，那只泽蟹仍旧萦绕在我的脑海里。我已经很多年没见过泽蟹了。小时候我曾经和剃了光头的小伙伴们一起在沼泽里抓泽蟹玩。一晃这么多年，如今竟在高级餐厅与这个小家伙重逢了，真是想不到啊。

那个时候经常一起去捕蟹的伙伴们现在都过得怎么样呢？这40年间，我很少想起故乡，天天像个战士一样为工作奔走。这样的生活也太无聊了，甚至让我忘记了故乡的一切。乡愁一下子涌上心头……

司机师傅，可以送我去火车站吗？这个时间还赶得上新干线吗……

还有蓝色的泽蟹！

小·档案

体长 3厘米左右
出没在干净水边的石头底下。

95

草龟

行动迟缓，
头脑却很灵光

我养的第一只动物是草龟。我在附近的池塘里看到了一只草龟，但是没抓住。我跟爸爸说了这件事，他就给我买了两只草龟。我把它们放在厨房门口一个腌菜用的大盆子里，连盆中的"陆地"也是用腌菜石来充当的。平时放在玄关，天气好的时候我就带它们出去晒太阳，十分疼爱两个小家伙。

但过了一段时间之后我就开始贪玩儿，渐渐不管它们了。因为养龟的水发臭，我还被家长批评了好几次。但我依旧对它们不管不问，最后爸爸终于生气了，威胁说要把草龟放到河里。尽管如此，我还是继续偷懒，最后父母真的决定要把它们放走了。我曾经那么喜欢它们，我到底干了什么好事呀！爸爸说："趁它们还活着赶紧放走吧。"于是我只好眼泪汪汪地抱着它们去了河边。那天的情景我至今还记得清楚，我无论如何也不愿撒手，我的心像被一只大手紧紧地攥住了，后悔没有好好照顾它们……

上车之前，我擦干净了它们的龟壳，还在它们肚子上用当时很流行的银色油性笔写上了自己的住址和名字……

长长的脖子会在翻身和水下呼吸的时候发挥作用。

小·档案

体长 15厘米左右
出没在池塘和河流中。

尖尖的爪子，被抓到了会很痛！

抓取方法

拿起来的时候，要牢牢捏住它们爪子够不着的龟壳两侧！

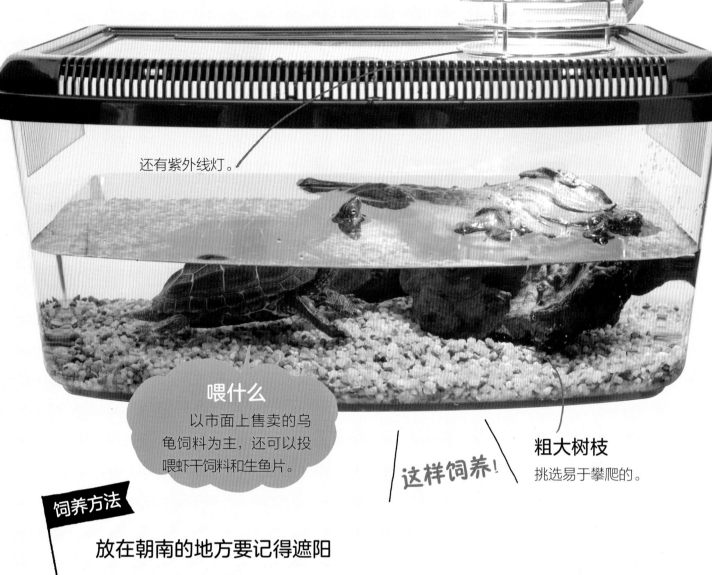

还有紫外线灯。

喂什么

以市面上售卖的乌龟饲料为主，还可以投喂虾干饲料和生鱼片。

这样饲养！

粗大树枝

挑选易于攀爬的。

饲养方法

放在朝南的地方要记得遮阳

往盆子里灌水，再放入砖块，这样既可以当作陆地，又可以作躲避屋。最好放在朝向东北的地方，如果要放在全天都有阳光照射的朝南的地方，要放一块木板为它们遮阳。只要是稍微深一点的盆子它们就逃不出来，但要小心它们被猫之类的小动物戏弄，所以晚上还是给它们盖上用烧烤网做的盖子吧。

一天换一次水为宜，直接用自来水就可以，但要留意一下水温。即使用了过滤器水也会很快变脏，所以不必安装过滤器，记得勤换水就好。冬天时，要把它们挪到室内，用树枝当陆地，每天开几个小时聚光灯给它们取暖。

铺不铺沙砾都可以，但是冬季投喂的饲料少，脏东西也不多，建议铺上沙砾，以方便它们爬行。

小心它们逃跑！草龟虽然动作迟缓，但是脑瓜很灵光！

放在朝向东北的地方，这样就可以！

放在朝南的地方，记得用木板为它们遮阳。

锹形虫与独角仙

永远是孩子们心心念念的动物

我们几个关系好的家庭，从今天起就要开始三天两夜的露营啦！爸爸每年都会带我来的这个露营地在大山里，人烟稀少，厕所还离得很远，有一点吓人……

但是我不讨厌来这里，因为这里可以捉到锹形虫和独角仙！

比起捉虫，我爸爸更喜欢做自己擅长的户外料理。不用负责做饭的爸爸们则会带孩子们去捉虫。

太阳刚落山，正是爸爸做饭的时候。但是这个时间还捉不到什么虫子。还是再等等吧。

然后大家一起吃饭、冲澡、点篝火。睡觉之前又带我去捉了一次！到了这个时间，会有很多虫子聚集在路灯周围。回到帐篷的时候，有时候能看到锹形虫趴在灯笼上。

凌晨才是我最开心的时候。趁天还黑的时候进入森林，不久天色开始一点点亮起来。虽然这个时候也能捉到不少虫子，但是日出的时候在外面待着才是最棒的！

小心别被
大颚钳住。

小·档案

体长 锹形虫的体长通常在 3 ~ 6 厘米
晚上常聚集在路灯周围。

这样饲养！

土里可能有它们的卵哦

塑料盒里铺上5厘米厚的昆虫饲养土，并放入一根树枝。饲养锹形虫的盒子里再放入一根打湿的朽木。

锹形虫的成虫会在夏末死掉，如果同时饲养了雄虫和雌虫，它们一定会产卵。倒掉塑料盒里的土和木头之前，记得找找看里面有没有它们的卵。

在塑料盒里放满土，独角仙幼虫就可以成长。幼虫变大之后要移入菌种瓶里饲养。

会把朽木当作产卵床。

果冻台

使用果冻台就不用担心果冻洒出来了。

小心果蝇

针叶树的木屑也能起到驱果蝇的作用。

纸垫

盖子下垫上专用纸垫防止果蝇侵入。

独角仙的武器是这个大角！

朽木和树枝要放稳，防止倒伏。

喂什么

将昆虫果冻放在专用的果冻台上。果冻要及时添加。香甜的气味容易招果蝇，所以要在盖子下面垫上专用纸防止果蝇侵入。

99

虎皮鹦鹉

度过插管喂食的阶段就可以放心饲养了

小·档案

体长 20厘米左右
原产澳大利亚。

各种颜色的
小家伙都有！

喂什么

除了各种谷物混合而成的鹦鹉饲料，最近还出现了颗粒饲料。

哥 哥朋友家的虎皮鹦鹉好像孵出了宝宝。他对哥哥说："我记得你弟弟喜欢小动物吧，想要的话可以送你一只。"于是哥哥就问我想不想养，我连忙说想要。可是，爸爸还会允许我养鹦鹉吗？我在家里养了很多动物，爸爸妈妈都很不满。因为我天天不好好学习，悄悄去危险的沼泽地玩耍，而且养的小动物我也没有用心照顾，甚至会用绳子绑住蜻蜓放

飞。零花钱也被我花光了，自己改装自行车结果却把车子弄坏了。对了，上次我还自作主张养了蛇，最后还是被家长发现了。

哥哥，你可以陪我一起去求求爸爸吗？

唉，还是算了吧。

饲养难度跟养电子宠物根本不在一个等级

如果是第一次养鹦鹉，请尽量等鹦鹉过了插管喂食（用软管等喂食）的阶段再接回家。出生后50天左右都需要插管喂食。这个时期平均每天需要喂食5次，还在上学的学生肯定无法照顾。如果妈妈是全职太太，而且也愿意接受这个艰巨任务的话，早点把鹦鹉接回家也可以。但是饲养虎皮鹦鹉不是养电子宠物，所以一定要跟家长商量好之后再决定。

如果想等鹦鹉可以自己进食之后再养，首先要准备一个鸟笼。开始的时候买一个便宜的小笼子就可以。

先把鸟笼下面的网取下来铺上报纸。鹦鹉到了经常站在栖木上的时期，请按鸟笼的说明书安装栖木。

鸟笼中需要放入食物和水，再配上保健砂和钙质。要保证时刻有充足的水和食物。鹦鹉可能会自己打开鸟笼的门飞走，所以要记得在笼子的门上装上夹子。

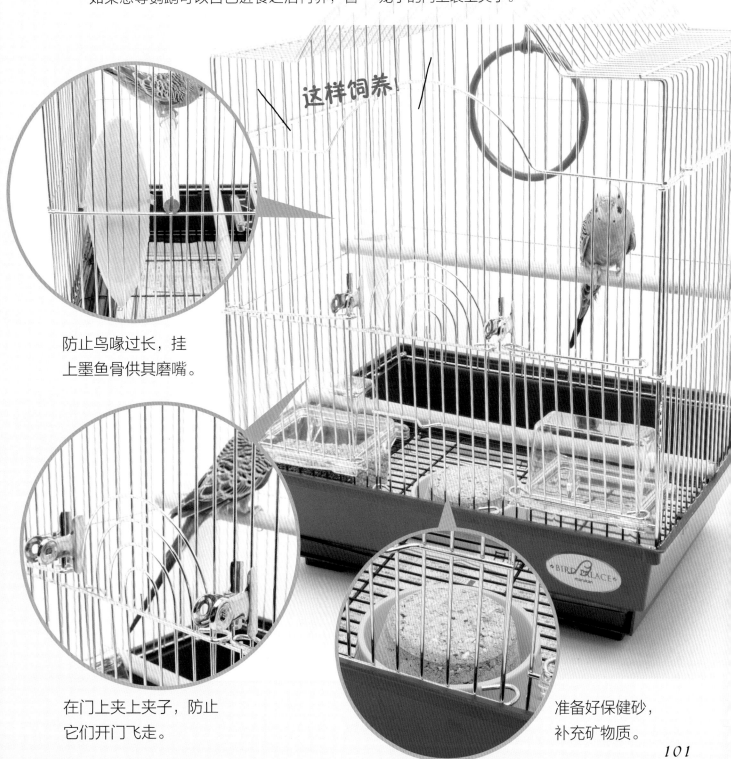

这样饲养！

防止鸟喙过长，挂上墨鱼骨供其磨嘴。

在门上夹上夹子，防止它们开门飞走。

准备好保健砂，补充矿物质。

101

鹌鹑蛋

用超市买来的鹌鹑蛋孵小鹌鹑

同一对父母会生出
一模一样的蛋吗？

塑料盒包装
的鹌鹑蛋。

朋友跟我说："你知道吗，我们从超市里买来的鹌鹑蛋里其实有受精卵。可以用自己手工做的孵蛋器加热孵化，听说现在很流行呢。要不要跟朋友一起试试看？"

什么？我还是第一次听说。这是真的吗？我急忙去咨询了一下喜欢养动物的朋友。

"你说鹌鹑蛋呀。鹌鹑的雏鸟孵出来就会马上蹦蹦跳跳地跑出来，真的特别可爱。但是用自制的孵化器不太好翻蛋，而且也很难控制湿度，孵化率会很低哦。超市里的鹌鹑蛋都经过冷藏，就算运气好里面混着受精卵，还是得好好管理才能成功孵化。还是别用自制的了，把我家的自动翻蛋孵蛋器借给你吧。"

居然一下子就撞上了一个家里有孵蛋器的人。看来孵鹌鹑蛋确实是很流行啊……

专用的孵蛋器

加湿器

孵出来两只啦！

饲养方法

等待17天就能跟雏鸟见面了

把孵蛋器的各个部件组装起来，水箱中倒入水之后打开电源。然后放入从超市买来的鹌鹑蛋。

大概10盒鹌鹑蛋里会有1个受精卵，但也有可能一只雏鸟都孵不出来。

37℃的温度下需要等待17天左右才能孵化出来。记得每天检查温度和湿度，切记不要让用来加湿的水用光。剩下的就不用操心了……

用泡沫塑料或硬纸壳、电暖炉或保温灯自制的孵化器，则需要每3～5小时翻蛋一次。可以把孵化器放在经常有人经过的地方，路过时记得留意翻蛋。

雏鸟……还算可爱吧？!

立刻就会站起来！

103

鹌鹑雏鸟

很快就能茁壮成长

保温灯
要将温度控制在
35～40℃。

饲养箱
使用塑料箱或
衣物收纳箱。

这样饲养！

铺上厨房纸巾

喂什么
确保鹌鹑雏鸟的
饲料不断。它们会在
自己喜欢的时候进食。

盛水容器
使用雏鸟跳进去也
不会淹水的容器。

浅浅的碟子
用深度浅并且不易被弄
翻的容器放饲料。

超可爱！

对人很亲近。

也可以当成手
养鹌鹑来饲养。

不及时清理粪便，
就会在脚上结块。

饲养方法

用瓶盖盛水

雏鸟的羽毛变干之前先让它们留在孵蛋器里，之后再移到饲养箱中。

塑料盒或衣物收纳箱里铺上厨房纸巾，安装好保温灯，再放入盛水和饲料的容器。

盛饲料的容器要用比较浅的。盛水容器尽量使用较小的，雏鸟一旦跳进容器里把身体弄湿，体温就会下降。

盛水容器可以用塑料瓶盖之类的东西。水洒出来会降低地板的温度，所以把三个瓶盖粘在一起不易打翻。如果饲养箱被粪便弄脏了要立刻打扫干净。

后记

饲养动物绝非易事。

具备一定的生物知识、家人的支持、能够面对与小动物的别离……各种条件都不可或缺。

这是不是让你想起了儿时的自己？

与现在的自己相比，那时的你会无所顾忌地将偶然遇到的动物抓住并带回家，边摸索边饲养。

长大后，我们与动物接触的机会越来越少，如今人们的生活也离大自然越来越远。而且，现在的孩子也不像以前那么莽撞了，愿意饲养动物的孩子也明显变少了。

然而，我相信大家都曾经有过想把眼前的小动物带回家饲养的想法。比如在外面偶然邂逅的小家伙，或者在宠物店和水族馆看到的心仪的小动物。

　　饲养动物需要合适的机会，还需要收集信息和购买相应设备等。但是，为了照顾好动物而调动自己所有的感官，尽最大的努力来饲养它们，也是一种宝贵的经验。我想这和心灵的成长、提高判断分析能力、理解生命的珍贵息息相关。同时，我也希望有越来越多的父母，能够支持并鼓励孩子饲养动物。

　　希望这本书能够成为一把钥匙，为你开启饲养小动物的探索之门。

动物摄影师　松桥利光

附录 小动物饲养观察记录

作者：王梓轩　　指导老师：张一晨　首都师范大学附属小学

观察蚕卵

蚕卵的数量

我一共得到了____52____粒蚕卵。

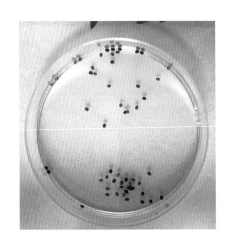

蚕卵的形态

我给蚕卵拍照，并且画了一个蚕卵。你看，我画得像不像？

蚕卵照片	我画的蚕卵

蚕卵的孵化

孵化环境

我将蚕卵放在<u>温度24 ~ 25℃、空气流通、湿度适宜的孵化盒中</u>进行孵化。

孵化环境照片：

孵化情况记录　4月16日领回蚕卵，16-19日蚕卵无变化，不计入天数。

孵化天数	孵化的数量	未孵化的数量
第1天（4月20日）	15	37
第2天	20	17
第3天	15	2
第4天	↓	↓
第5天	50	2

统计：蚕卵总数52只，孵化总数50只。

蚕蜕皮的观察

蚕生长到一定的阶段，会长出新皮，换下旧皮，这叫蜕皮。蚕一生要蜕 __6__ 次皮。我仔细观察了每一次的蜕皮过程，并记录在表格里。

蜕皮次数	时间段	蜕皮前	蜕皮后	蜕下来的皮
第一次	第__1__天 至 第__4__天	照片 描述： （颜色、长度、粗细） 黑色，约3mm	照片 描述： （颜色、长度、粗细） 白色偏黄，10mm	
第二次	第__5__天 至 第__9__天	照片 描述： （颜色、长度、粗细） 白色绿花纹，20mm	照片 描述： （颜色、长度、粗细） 白色偏暗，25mm	

蚕在蜕皮过程中，吐出少量的丝并将腹足固定在蚕座上，头胸部昂起，不再运动，好像睡着了一样，称为"眠"。

蚕"眠"后，蚕开始从头到尾"蜕皮"。

蚁蚕 —眠→ 蜕皮 —眠→ 蜕皮 —眠→ 蜕皮 —眠→ 蜕皮 —眠→ 茧

一龄蚕　　二龄蚕　　三龄蚕　　四龄蚕　　五龄蚕

（4～5天）（3～4天）（4～5天）（4～5天）（6～8天）

蜕皮次数	时间段	蜕皮前	蜕皮后	蜕下来的皮
第三次	第 10 天 至 第 13 天	照片 描述： （颜色、长度、粗细） 白色或青色绿纹， 35mm（约）	照片 描述： （颜色、长度、粗细） 白色偏青如玉色， 40mm（约）	
第四次	第 14 天 至 第 16 天	照片 描述： （颜色、长度、粗细） 白色偏暗黄， 60mm（约）	照片 描述： （颜色、长度、粗细） 白色偏嫩白，68mm （约）	
第五、六次	第 17 天 至 第 23 天 长成熟蚕 并结茧 第 24 天 至 第 40 天 茧内蜕皮 羽化成蛾	照片 描述： （颜色、长度、粗细） 白黄近透明， 63mm（约）	照片 描述： （颜色、长度、粗细） 白或灰白磷毛， 20 ~ 30mm（约）	

蚕吐丝的观察记录

这是我养蚕的第__20__天。

我养的蚕终于要吐丝了！我仔细观察了蚕吐丝的过程，以及蚕吐丝前的变化，并记录在表格里。

蚕的状态	照片（可以多张）	文字描述
吐丝前的蚕		五龄末期的蚕体现出老熟的特征： ① 排出的粪便由硬变软，由墨绿色变成叶绿色； ② 食欲减退，食桑量下降继而完全停食； ③ 前部消化管空虚，胸部呈透明状； ④ 体躯缩短； ⑤ 腹部也趋向透明； ⑥ 头部昂起，口吐丝缕，上下左右摆动寻找营茧位置。